U0161527

甜味力量

Laura Mason

Sweets and Candy

A GLOBAL HISTORY

[英] 劳拉·梅森——著

王司琪——译

中国工人出版社

图书在版编目（CIP）数据

甜味力量：糖果小史 /（英）劳拉·梅森著；王司琪译 .—
北京：中国工人出版社，2022.6
书名原文：Sweets and Candy: A Global History
ISBN 978-7-5008-7921-3

Ⅰ . ①甜… Ⅱ . ①劳… ②王… Ⅲ . ①糖果—历史—世界
Ⅳ . ①TS246.4-091

中国版本图书馆 CIP 数据核字（2022）第 073557 号

著作权合同登记号：图字 01-2022-0891

甜味力量：糖果小史

出 版 人　董　宽
责任编辑　邢　璐
责任校对　丁洋洋
责任印制　黄　丽
出版发行　中国工人出版社
地　　址　北京市东城区鼓楼外大街 45 号　邮编：100120
网　　址　http://www.wp-china.com
电　　话　（010）62005043（总编室）（010）62005039（印制管理中心）
　　　　　（010）62001780（万川文化项目组）
发行热线　（010）82029051　62383056
经　　销　各地书店
印　　刷　北京盛通印刷股份有限公司
开　　本　880 毫米 ×1230 毫米　1/32
印　　张　7.375
字　　数　100 千字
版　　次　2022 年 7 月第 1 版　2022 年 7 月第 1 次印刷
定　　价　58.00 元

目录

1 甜食、糖果还是甜品 ... 001

2 糖的魔力 ... 023

3 糖与美好的一切 ... 075

4 糖的奇思妙想 ... 121

5 生产者与消费者 ... 145

6 糖果与庆典 ... 173

食谱 ... 195

注释 ... 209

参考文献 ... 223

致谢 ... 229

1

甜食、糖果还是甜品

英国人很了解什么是甜食（sweet），北美人也很了解什么是糖果（candy）。在他们各自的文化背景下，两者都是一种吃起来甜甜的、质地有趣的、小小的、以糖为基础的食物。直接用手拿着吃，通常不会被当作正餐的一部分。它们有令人眼花缭乱的颜色、多样的形状，大多回味悠长，有的还会有很奇怪的味道，深受孩子们的喜爱。它们看似无足轻重，却穿越在几个世纪之间，经历了变换的文化态度、社会及经济历史、情感依托以及人们对糖在健康中所扮演角色的不同观点。巧克力是甜食和糖果中一个非常重要的元素，尽管它非常受欢迎，但除了少量提及，不会成为本书的一部分。巧克力有它自己的悠久历史及文化重要性，而且和制糖相比，需要很不一样的技术和工具。

“糖果”一词的古老起源可以追溯到上千年前的

佚名:《捧甜食的女人》, 1810—1830年, 波斯棉布油画。波斯、埃及和土耳其的富有宫廷对发展和传播制糖技术有着重要作用。

印度。研究糖的历史学家基本认同在2000多年前的印度，提纯蔗汁的技术首次得到发展，同时，像“糖”（*sakkar*）和“块”（*khanda*）这些从梵文中衍生的词汇开始形成，这两个词显示了有着晶体结构的糖的固态程度。10世纪，这些词汇随着糖的种植与提纯技术，西经波斯传播到了地中海地区东部。自此，欧洲人的语言中增加了一些表述，例如西班牙语中的“*azucar cande*”和英语中的“sugar-candy”，用来代表糖的块状结晶。欧洲移民者把糖带到了新世界，“candy”因此成了北美英语中代表那些小小糖类食物的词汇。

“甜”似乎只是“糖果”的描述性词汇：吃起来是甜的。有些文化，例如印度、中东和英语国家对甜更加偏好。但“甜食”的概念更为复杂，正如某位作家在考察不同文化时发现：

什么是甜食？在我启动研究之初，这似乎是个简单的问题。甜食就是你会带在口袋里，并且是在规定的就餐时间以外吃的小东西。但这是一种现代的、西方的理解。实际上，每个国家对于什么是甜食，都有自己独特的见解。[1]

作为一个集合名词，“sweet”是在19世纪初对甜味食物的统称“sweetmeat”的缩写。这也解释了为什么“甜食”一词有时会和甜点混淆不清，而后者是在欧洲、美洲以及其他被欧陆饮食习惯影响的地区的大餐中独立明确的一道菜。这类虽不重要但令人愉悦的食物从法语中的“甜点”（*desservir*）得名，起初用来形容一种中世纪晚期的习惯——留下仆人收拾餐桌，用餐者则到别处喝餐后酒，吃着华夫饼和糖衣香料消食。

从这个简单的开始，文艺复兴时期的意大利人推动了早午餐（*collazione*）的进化。这种奢侈、昂贵的餐饮是在以糖雕饰的桌子上摆上各类甜食。一方面是食物，一方面是娱乐，早午餐成为重要庆典的一种特色。这个概念传到欧洲宫廷，成了英国一种包括了水果、葡萄酒和甜味食品的宴会形式，在16世纪和17世纪非常流行。贵族们一般在特殊房间或者花园里的小宴会厅吃这些非正式的小吃，显得轻松、亲密、有趣而轻佻。从这些前例中发现，一餐中的甜点环节包含了众多甜食——油酥糕点、蛋糕、新鲜或糖渍的水果、马卡龙、果冻和杏仁糖，一般还会再以糖果点缀。“甜食”一词有时仍然会用来描述各类甜点。

“sweet”还发展出了昵称“sweeties”，通常用在给小孩子吃的东西上，成为一种和良好品质相关的概念，如法语中的“*bonbon*”，西班牙语中的“*bombon*”和葡萄牙语中的“*bombom*”，荷兰语的糖果“*lekker*”更是字面意思即为好吃。有时甜味食物的词语被成年人颠覆地用在与药物和性有关的俗语中，但“bonbon”仍被北美人认作高品质糖果的标识。

“lolly”在澳大利亚英语中是甜食或糖果的意思，这个词最初在某英语方言中表示“舌头”，随后在英式英语“棒棒糖”（lollipop）一词中被保留下来，代表

2016年，美国超市在售的冰糖。

查理斯·威廉姆斯：《无忧无虑的时髦望族》，1818年，蚀刻画。画作描绘了19世纪初期，一个英国甜食店中摆放了蛋糕、果冻和糖果。

插在小棍上的糖果。棒棒糖在北美被叫作“suckers”，大概是一种平行演化。1862年，亨利·韦瑟利列举过一些表示甜食的英格兰方言：东部的“Loggets”或“Cushies”；北部的“Tom Trot”或“Butter Scotch”；南部的“Humbugs”或“Lollies”和西部的“Suckers”或“Hardbake”……[2]“香料”（spice）作为英格兰北部某些地方的当地用法，反映了糖与胡椒、肉桂等舶来物相似的来源。

糕点糖果（confectionery）集合了甜食、糖果、巧克力和油酥糕点，反映了中世纪的欧洲人对糖的态度——认为糖有助于改善健康。以拉丁语“*conficere*”为词根，表示“放在一起”，加上混合的动作，得到英语单词“甜品”（confection）和其他相关词汇，以及古语“comfit”。法语单词“*confiserie*”，意大利语单词“*confetto*”和德语单词“*Konfect*”皆源于此，而西班牙人买甜食的地方叫“*confitería*”。

起初，甜品与医用糖相关，源于中世纪的阿拉伯人的观念，他们认为糖是一种健康的营养物质。这种观念深受“四体液说”的影响，即热、湿、冷和干的抽象概念，以及与之相关的个性特征：乐观、冷淡、忧郁、易怒。

> 糖被认为是“热”且“湿润”的……阿拉伯药剂师因此认为在配置药品时，无论是中和冷物质或是加热其他物质使其更有效力，糖都是一种理想的物质。[3]

阿拉伯人认为不同形态的糖对不同的健康问题有效：白冰糖（*sukkar tabarzad abyad*）针对膀胱、肝脏和脾脏问题，另一种白糖（*sukkar abyad*）可改善消化问题。[4]

穆斯林征服者将糖和这些观念带到了地中海地区，使得威尼斯在加工糖方面变得格外重要。在中世纪的欧洲，糖果是药剂师的专属，他们掌握制糖技术。我们可以在咳嗽糖浆、糖衣锭剂、口香片、糖锭等词中发现一些痕迹，现在的医药用语中还在使用这些词。

糖可以是药物、香料和食物，这些特点对于中世纪的医师来说用处多多。糖可用于腌制、保存植物药材，糖的甜味可以减轻药的苦味。在中世纪的欧洲，糖非常昂贵，新奇稀缺和售价提高了它的地位。药剂师调制混合物来调理顾客，让他们保持体液平衡；他们还制作风味糖浆并学会了提炼技术，还将甜品和饮品相结合。他们知道如何把糖放入模具，加入面粉制作精美的食物，例如饼干、华夫饼和蛋糕等。

用糖保鲜的技术产生了德语“*Konditorei*”一词，现在这个词的意思是卖蛋糕和点心的咖啡店，但“*Konditor*”起初是指用糖给水果和其他食物保鲜的人。18 世纪时，这些人与糕点师（*Zuckerbäcker*，字面意思为糖果制作者）一起为德语世界贡献了各种甜食，他们的行会制度给糖果的发展带来了深远的影响。[5]

东方文化最早发展出许多与糖相关的技术，他们对甜食的概念没有现代西方文化中那么严格。笼统

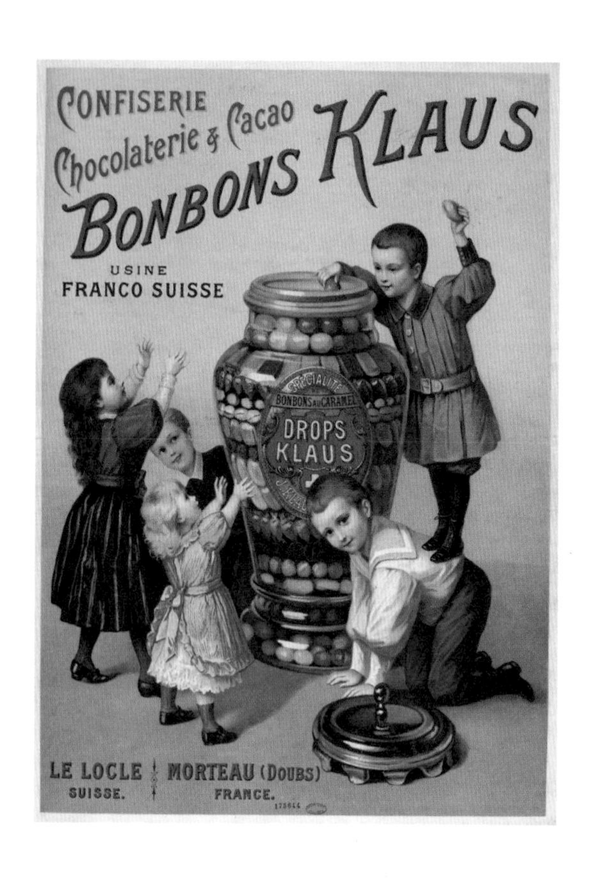

糖果克劳斯（Bonbons Klaus）公司广告，1894 年，平版印刷画，描绘了 19 世纪后期糖果的一种典型的广告方式。

的称呼“*halva*”（音译自阿拉伯语，还可写作 *halwa*、*halvah* 或 *helveh*）就可以代表甜食，并且可以广义代表很多不同的甜食形态——可以是欧洲东南部某些区域的一种以芝麻为主要原料的甜食，也可以是印度用扁豆或胡萝卜做的甜食。

你会发现可以用各种原料来制作中东甜食。从北非到土耳其到印度，细面粉和粗面粉都是中东甜食广受欢迎的原料，并且形态也有不同的变化……摆盘的形态各异，比如切成不同的形状或者堆成高高的小山，或者用坚果和风干水果进行装饰……[6]

由于中东甜食的种类繁多，食谱、人们的理解及各自的地位也大不相同，有些类似于欧洲和北美所称的糖果，有些则类似于油酥糕点或者饼干。

历史上，许多中东国家的宫廷，如奥斯曼土耳其帝国，支撑着复杂的官员社会结构，由制糖者

（*sekerci*）和专业甜品制作者（*helvasai*）这类工匠来服务官员和军人。一个叫弗里德里希·昂格尔（Friedrich Unger）的德国甜品师在19世纪30年代造访了伊斯坦布尔，他对众多细分的甜品种类感到着迷：有专人负责制作玫瑰香料、小圆面包、华夫饼、蛋糕、果冻、杏仁甜品和众多其他品种。[7]

再往东走一点，给印度甜食分类就更困难了。各种各样的甜品在迎客礼节、宗教活动、节庆和社交生生活中具有十分重要的意义。统称如"*mithai*"（从梵文中的"甜食"而来）"*madhur*"（从梵文中的"蜂蜜"而来）或代表不同风味和口感的"*mishti*"——干的、脆的、有嚼劲的、软的、乳状的、多汁的，还有像糖浆的。让西方人感到困惑的是，咸味零食也能被归类于甜食。这类食物像其他食物一样依据习俗被分类，但是对于干的或硬的、软的或像糖浆的甜食仍有大致分类。在原料、用法和对甜食的态度等方面，印度甜食会有一些让西方人感到熟悉的地方，比如也是一些

上图：保罗·安东尼奥·巴尔别里：《取药处》，1637 年，油画。盒子中乘着水果糊，糖果和镀金的树叶形状的甜品放在精美的罐子中陈列。

左图：1994年，一个在果阿印度庙中售卖炸糖球和明粉色糖像的小贩。

零食小吃或餐外吃的食物；也有一些陌生之处，比如会用牛奶和豆类作为原料，以及在敬奉或教会礼拜时的作用。印度甜食与西方糖果并不完全相同，但有很多相似之处。把西方世界对甜食的分类套用在印度甜食上是做无用功。有些印度甜食与乳脂软糖、杏仁糖和果仁薄脆糖有相似之处，另外一些以面粉或无盐干酪为原料，油炸后浸满糖浆，这和北美、欧洲的经风干可长期保存的糖果、甜食大不相同。印度人概念中的甜食像一个连续光谱，它的千变万化代表了各种不同的地质风貌、气候、文化习俗以及悠长的历史。

糖最早在印度被大规模地加工、提炼和使用，并深深地嵌入了这个次大陆的饮食文化中。很多印度甜食的起源都无从得知，但有迹象表明，一种用面粉、黄油、牛奶、糖和香料制作的甜食诞生于600—1200年。[8] 酥油和奶制品作为甜食的原料以及复杂种姓制度给予了甜食特殊的地位。在孟加拉文化中，甜的概念极其重要，很多俗语中都有所体现。正如欧洲语言中，味觉上的甜一般会与生活甜蜜画上等号。

世界的其他地方对于甜食和糖果的态度各不相同。甜食不会缺席——西方糖果公司会确保工业制造的甜食在世界各处都有售卖，而且几乎所有地区都有用于庆典的传统甜味食物。但是总体来说，糖果作为一种长期存在的、独立的食物分类的概念在一些地区并不那么明确和普遍，例如中国、非洲和拉丁美洲的多数地方（也有少数例外）。

西班牙人和葡萄牙人在探索世界的时候留下了一串“甜味”的轨迹。葡萄牙或许影响了泰国、中国部分地区、马来西亚、印度尼西亚、孟加拉和日本，在他们的航行中留下了独特的甜食。墨西哥有着有趣而发达的甜食文化，一部分是受到西班牙影响。菲律宾同样受西班牙甜食传统以及 20 世纪的北美影响颇深。

日本的“和果子”（*wagashi*）有非常明确的传统，其中包括了精制甜品、蛋糕、饼干和糖果。理查德·霍斯金说：“和果子无法对应任何一种西方甜食文化，它甚至可以包括像米饼干这样的咸味小吃。”[9] 和果子有着独特的日式美学，但部分受到中国的影响，部分受到欧洲的影响。“和果子”这个名称是近期才形成的。尽管日本在 17 世纪就有了糖，但直到 20 世纪之前，糖都非常稀缺，而且像欧洲一样，也被当作药物。葡萄牙人的到来也影响了日本的甜食文化。

在中国，大约 17 世纪时，甜味糕点中的蜂蜜被换成了糖，这可能形成了中国甜品制作的一种传统。那时，糖和糖制食物是贵族的专属食物，在其后的几个世纪皆是如此。[10] 糖在中国也有很多用处——药品、保鲜剂、调味品和装饰品，但从未像 19 世纪的欧洲和北美一样，变成一种固定需要的食物。甜食、糖果和甜味食物还都是属于特殊场合的食品。

糖并非必需的营养物质，但对于一些文化来说，却是一种充满魅力的消遣品，尤其是做成甜品时。营养学家、牙医和社会人类学家都好奇这背后的原因，尤其是对英语作为母语的地区来说。《甜与权力》

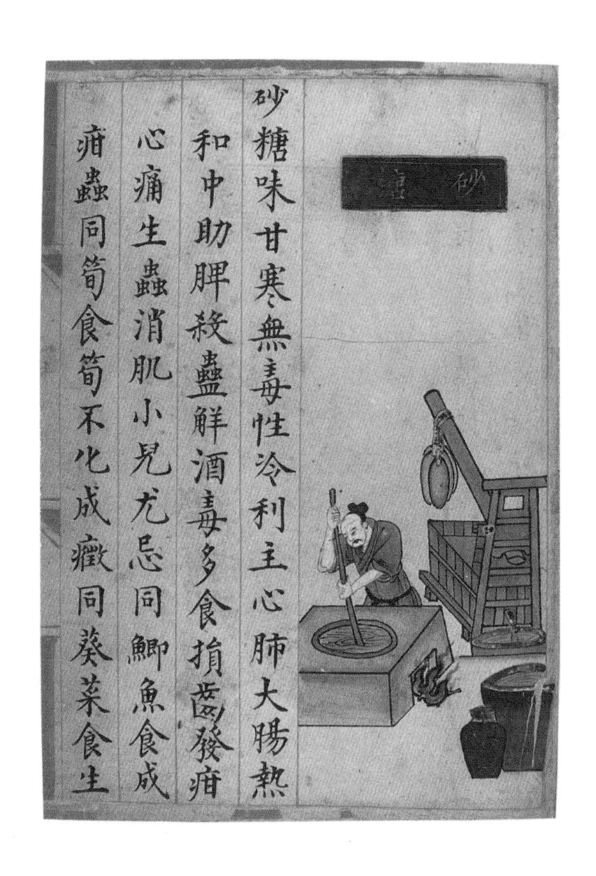

砂糖

砂糖味甘寒無毒性冷利主心肺大腸熱
和中助脾殺蟲鮮酒毒多食損齒發疳
心痛生蟲消肌小兒尤忌同鯽魚食成
疳蟲同筍食筍不化成癥同葵菜食生

出自中国明朝（1368—1644）某草药食疗书籍。一男子正在从蔗汁中提炼糖，男子身后是提取蔗汁的压具。

（*Sweetness and Power*）一书剖析了从15世纪开始，糖在英国饮食中扮演的角色。作者西敏司（Sidney Mintz）在书中探讨了糖为何在英国备受推崇，原因包括人类对甜味与生俱来的喜爱、糖最初被当作奢侈品、苦味饮品如茶和咖啡的流行、糖在17世纪和18世纪被认作财富的来源、糖作为原料和装饰介质的多样用途，以及在工业化过程中穷人普遍的热量摄入不足。

炫耀式消费作为一种奢侈的生活理念，影响了油酥糕点和其他甜品，令它们在可工业化大规模生产便宜食糖的现代社会仍得以保存，同样也影响了人们对甜味的渴望。[11] 童年的零花钱和经济实力有关，女性气质和甜味也有关联。19世纪起，广告营销开始发挥巨大作用。许多人只是把糖果当作一种平常且不太贵的乐趣来消费，或者把分享糖果当作一种友善的举动。

甜味这个概念的根源似乎与人们把它与“好”联系起来有关，字面上的意思是味道好，更抽象的概念是认为甜就是好。无论这个概念是什么以及如何演变，

19 世纪晚期帕默（Palmer's）太妃糖的广告，在那时是市场上众多的知名品牌之一。图片来源：Collection/REX/Shutterstock。

都与健康教育者劝大家少吃甜食、糖果或巧克力棒的努力相悖——尽管软饮、冰激凌、蛋糕里都含糖，并且糖作为原料，以某种形式（玉米糖浆、高糖玉米糖浆、果糖、焦糖）被用在各种工业化食物中。糖不容易腐坏，但会腐蚀牙齿。甜味非常诱人，但过量食用也会腻。糖背后还有奴隶制的影子。为了供应欧洲和北美不断扩大的食糖市场，数以百万计的非洲人被运送到西印度的糖厂，在严酷的环境下工作。

甜品的概念非常模糊。甜食、糖果、甜品，无论是何名称，都非常引人注目，同时是糖的非必要表现形式，质量也是影响其诱人程度的重要因素。糖作为食物通常能很好地储存。糖因为颜值和稀少新奇而受人喜爱，被用于特殊场合。糖便于携带，是完美的礼物。制糖的工艺很是费时费力，还要用到昂贵的原料。糖可用来保存水果、坚果和风味。在最初的价值丧失很久之后，糖仍在重塑创意和灵感。

Sweets and Candy

A GLOBAL HISTORY

2

糖的魔力

传统甜品店中那些亮晶晶、透明的糖果的出现得益于熬糖技术的发展，这种技术制造了那些最抓人眼球和充满怀旧气息的食物。西欧和北美对此技术有着最活跃的运用，但任何会用到糖的地方都多多少少对此有所了解。“熬制糖果”（boiled goods）是甜品师使用的专有名词，意义广泛而兼容并包：“包含了球状糖、冰糖、太妃糖、黄油奶糖、奶油夹心糖……”[1]

有人可能会在这里停下来提问：为什么蜂蜜不在甜品之列。根据米歇尔·德·诺查丹玛斯（Michel de Nostradamus）的记载，在16世纪的欧洲，蜂蜜曾被提纯、煮沸并运用在一些食谱中。这项传统已经消失了，只有土耳其到19世纪还在制作以蜂蜜为原料的甜品。然而，蜂蜜的味道浓郁，供应有限，和糖有着不同的化学属性。糖比较容易制作，并且价格便宜，产量充足。

果汁，如煮沸的枣汁和葡萄汁，把甜味带给了中东，却十分昂贵，味道浓烈而不易驾驭。印度人使用一种从椰枣叶汁中得到的古尔糖：颜色多变，有烟熏和酸苦的味道，受到人们的喜爱。从发芽的谷物中得来的麦芽糖，在中国被食用了千年之久。北美的枫糖有着独特的风味，但制成糖浆和糖果后却价格不菲。

部分精炼糖及其副产品的应用非常有限，通常仅作为调味剂。印度使用粗糖（从当地甘蔗中提炼的棕糖）。在英国和北美，人们把金黄糖浆、黑糖浆、黑蔗糖浆加入某些甜品来增加风味和口感，由于在过去的纯真年代它们被广泛用在廉价糖果中，往往能勾起人们的怀旧之情。

糖是糖果业的必需品。它相对容易控制，并且可以精炼成纯白色，在一些地方，如中世纪末的威尼斯，这是非常吸引人的特质，同时对糖及制糖技术从阿拉伯世界传至欧洲东北部起到关键作用。起初，糖被认

扬·卢肯:《德·苏克巴克》,1694年,蚀刻画。炼糖者或熟练甜品师拿着一块精炼糖。

作香料和药物，加上它作为甜味剂和保鲜剂的功用，让糖成了药剂师的专属。药剂师与糖的炼制和销售密切相关。地中海岛屿（尤其是塞浦路斯）上的威尼斯甘蔗种植园，创造了巨大的财富。有着炫耀张扬习惯的贵族成了这些产品的消费者和拥护者。16 世纪，大量威尼斯的药剂师和行会通过设限来监管价格的行为或许导致了产品差异化，奠定了欧洲和北美甜品不断创新的主旋律。

在熬糖工艺中，观察制作糖浆时经历的不同“阶段”极其重要。人们花了好几个世纪才完全掌握了这项技术。在熬糖开始前，需要先将糖溶解于水并加入蛋清来提纯。加热后形成浮渣，留下了透明的糖浆。因此，古法食谱一般以制好的糖浆为备料的起点，而不像现代食谱可以直接明确糖和水的量。这一点以及其他古法食谱中包含的旧式名词都让人感到难以理解。17 世纪的英文文本中出现了“最糖”“糖再熬成糖”和“最甜果汁饮料”（Manus Christi height）等表达，最后一条尤其令人困惑，因为“Manus Christi”一度代表用混合了金箔的小份糖制作的玫瑰味或紫罗兰味的甜果汁饮料。18世纪早期，熬糖工艺更具章法。需要仔细观察糖浆是否出现了珍珠般的气泡，或从漏勺落下时是否一缕一缕似羽毛？这方面最早的理论由法国的拉瓦伦内（La Varenne，1661）发表，并以英语记载在约翰·诺特（John Nott）的《厨师与甜品师词典》（*Cooks and Confectioners Dictionary*，1726）中。约瑟夫·吉利耶（Joseph Gilliers）的《法国糕点师》（*Le Cannameliste français*，1751）给出了对这些“阶段”更细致的描述和相关测试。渐渐地，各种专有名词和观察体系慢慢整合汇编为现在认可的体系。名称与温度如下：[2]

线状：215°F—235°F / 102℃—113℃

软球体：235°F—240°F / 113℃—116℃

硬球体：240°F—265°F / 121℃—130℃

脆片（或软脆片）：270°F—290°F / 132℃—143℃

硬脆片：300℉—310℉ / 149℃—154℃

硬脆片在过去被称作焦糖，现在用来指代超过糖开始分解变棕的临界温度时形成的糖。可能因为不能重复使用，过去这被当作废品。糖最终会在 205°C 时被烧焦。

19 世纪中期开始，比重计、温度计和工业化设备，连同便宜、纯净、工业化提纯的糖都变得容易获取，熬糖也变成工厂流程的一环。科学阐明了更多细节，每一个蔗糖（普通白糖）分子各包含两个更小的糖分子，即果糖和葡萄糖。甜品师利用了这一特性。将糖溶解于水后，因为果糖和葡萄糖之间的连接键断开，固体糖因倒位变成了澄净的糖浆。熬糖之前必须先溶解所有晶体，如果有晶体残留在糖浆中，会成为一个引子，引发熬糖的再结晶过程。加热糖浆在沸点时开始蒸发水分。继续加热会蒸发更多的水分，留下过饱和的浓缩糖浆（相比常温下，高温可使水溶解更多糖）。刚过 100°C 还很稀且含水的糖浆，在继续加热

在印度浦那制作粗黄糖。一块块粗糖或许是印度人最早的糖果，但它必须被进一步提纯成为适合制作精美甜品的白糖。

1946年，伦敦伍德格林，巴拉特糖果店（Barratt's Confectionery Works）的两名员工在搅拌锅里的糖浆。

后会变得更黏稠，具有延展性，直到蒸发出最后一部分水分。

慢慢冷却并搅拌糖浆会使果糖和葡萄糖重新结晶为蔗糖。用甜品师的话来说，它们“成为颗粒状”，变成了不透明的晶状固体。快速搅拌糖浆会使倒位保持，糖将在室温下形成澄净、玻璃状的固体。合适的熬糖温度（100°C—150°C），以及倒位和再结晶的现象，是熬糖工艺的基础。

熬糖的核心是控制。甜品师加入会影响糖化学特性的原料：酒石酸或其他酸、黑蔗糖浆、金黄糖浆、黑糖浆和蜂蜜，这些会改变糖浆中一部分的果糖和葡萄糖，让它们不会全部结晶。发展于19世纪的玉米（葡萄糖）浆，在此基础上，使酶进一步发挥作用，将葡萄糖转化为果糖（20世纪中期的产物），形成了高果糖玉米糖浆，这种方式对于工业化的糖果生产至关重要。数代甜品师都被冠以“医生”的称呼，他们现在还被当成干预代理人。乳制品、油脂在糖浆呈粒状时互相发生物理作用的过程，被应用在某些甜品中。

冰糖大多是透明、亮晶晶的晶体，有着至少 1000 年的历史，或许是最初级的甜品。在中世纪阿拉伯人的描述中，它被称作“*qand*”或“*sukkar nabat*”，在小棍上保存。[3] 这种糖同样被中国人熟知。到 16 世纪开始广泛流行于欧洲，用小棍或绳子穿起来，放在容器中保存，在稳定的低温环境下可保存大约一周。如果容器没盖严或敞开了，会出现晶体。其他类型的甜食也可以用此方法制作。

19 世纪后期，这一方法被常规化地用在欧洲和北美，比如给方旦糖（fondant）和水果果冻表面淋上一层亮晶晶的防潮外衣。冰糖制作仍在继续，在温度为 49℃的屋子里放置 40 小时。进入 19 世纪 50 年代，这一过程保留了某种魔力，一本北美甜品手册显示将废糖再次溶解，可以重新包装为“冰糖糖浆”售卖。[4] 如今，从阿富汗的新年庆典到最时尚的都市咖啡店，这种古老的糖仍有它的一席之地，“甜味力量的一项证明

乔治·弗莱格尔，《面包和糖果静物画》，17 世纪上半叶，油画。画中展示了一碗糖果、裹糖梨子和一块心形甜点。

是……在第一次出现在欧洲北部后，这种最简单的甜食持续流行了约 900 年”。[5]

另外一种形式的糖果包含了许多杂乱一团的小晶体（如塔糖里那样），这是通过把糖浆倒入精美的模具中制成的。这种流传了几个世纪的方法在 19 世纪后期有了现代表述，由 E. 斯库斯（E. Skuse）描述了如何制作这些新鲜的小玩意儿，包括如何让糖结晶粒化。

熬足量的糖……至球状，110℃，移开火，将糖在平底锅边摩擦，直到它变稠、变白；一齐搅拌然后倒入模具……[6]

与冰糖一样，模具铸糖也拥有深厚而悠久的历史，埃及在 10 世纪、中国在 12 世纪对此均有记载。曾有如下的贸易记录："中世纪时期，中国人从熬在牛奶中的蔗糖中获取甜味，有些被造成狮子的形状。四川省和更远的波斯国很擅长为中国市场制造这些

一半石膏铸具，用于铸造西西里糖像，供11月初的万灵节使用。

产品。”[7]

17 世纪，“异域宝塔、人物、鸟和其他动物形状”的铸糖在中国广东省就被用于各种庆典活动。[8] 在欧洲，铸糖为中世纪的宴会带来兼具微妙感、装饰性与趣味性的糖像，为早午餐以及十六七世纪的糖宴带来创新。1609 年，休 · 普拉爵士指导人们如何先制作一个石膏模具，然后“用模具制作中空的柠檬、橘子、梨子等，并在其中灌注糖”。[9] 按照这种方法，还可以做出小提琴、拖鞋、狗、猫和兔子，售价 1 便士或更便宜。[10] 在淀粉塑形的新技术的使用尚处小型和非正式阶段时，石膏模型仍被用于在淀粉托盘上造型，然后在其中灌满液体糖浆后放置不动。淀粉吸收了糖浆中的水汽，能帮助糖果成形。

模塑糖显然非常有吸引力，在分散但广泛的传播过程中得以保留。它被用来制作墨西哥万圣节时要用的头骨，以巧妙颜色的糖霜和糖纸装饰。还有西西里糖像，通常是骑在马上的骑士，用来庆祝万灵节和复活节。这些糖可以在不列颠群岛的滨海店铺、开罗以及印度的排灯节庆典上找到。

还有一种粒状软糖。甜品师弗里德里希·昂格尔于19世纪30年代造访伊斯坦布尔，描述了一种新式糖果——口感软软的“*lohuk scherbet*”，他考虑在返回欧洲时引入这种新糖。历史并无记载他是否这么做了，最终在19世纪，法国人将方旦糖（从*fondre*而来，意为融化），或是“被称作‘奶油夹心糖’的口感丰富的软糖”引入了欧洲甜品中。[11]无论由谁发明，方旦糖软腻的口感与那些有韧劲、硬脆的模塑糖非常不同。

制作方旦糖的糖浆要用相对低的温度来熬，稍微冷却后再大力加工。凉一些的糖浆意味着混合物的能量降低，加工的过程阻止了果糖和葡萄糖的重连，形成了悬浮在液体糖浆中的大量微型晶体。在食用的时候觉察不到，但实际上增加了整体的顺滑度。玉米糖浆有助于形成这些小晶体，通常被加在方旦糖中。在方旦糖被包入巧克力之前，会加入转化酶来防止糖变回果糖和葡萄糖，从而形成神奇的软软口感的夹心。

19 世纪后期的科技创造出了新奇的香精和色素，与淀粉塑制的方旦糖一起，似乎可以创造出种类无限的糖果。发展于 19 世纪上半叶的食用巧克力，在口味上与糖形成了有趣的对比。在食用时，巧克力在口中在差不多相同的温度以相同的速度融化，为上颚带来奢华的味觉体验。在福莱斯（Fry's）的设计下，方旦糖于 1866 年首次被注入巧克力棒、巧克力奶油夹心糖中。最开始为手工裹蘸巧克力，但到了 1900 年，使用包糖机器淋挂上融化的巧克力更为主流。如今，方旦糖仍然被用作巧克力和餐后薄荷糖的夹心，并用来制作复活节彩蛋的蛋白和蛋黄，尤其是吉百利奶油彩蛋，在英国人的童年记忆中是标志性的复活节小吃。包裹着闪闪发光糖纸的“客厅糖”（*szaloncuckor*）在匈牙利和斯洛伐克被用来装饰圣诞树。

方旦糖还被加在其他甜食中，尤其是乳脂软糖中，用来引发结晶并调节口感。乳脂软糖有着复杂且诱人

19世纪80年代，麦克布斯猫头鹰（McCobbs Owl）品牌奶油夹心巧克力的广告。19世纪后期，带有巧克力涂层和方旦糖夹心的糖果非常受欢迎。

的风味，从与糖一起烹制的乳制品中得来独特的焦糖般的滋味。乳脂软糖在 19 世纪后期的美国成为一种时尚。“自从 19 世纪 80 年代在报刊、食谱和广告小册子上频频出现，乳脂软糖因制作过程简单愉悦，适合家庭烹饪，在家庭厨师和业余制糖者中得到推广。”[12]

有着健康朴素形象的乳脂软糖立刻大获成功。在美国，制作乳脂软糖成了女子学院的一种时尚，也是孩童派对的消遣。量产粒状糖的技术可用来制作加入乳脂软糖的方旦糖，最早在 1912 年被提及。[13] 极端天气对它的流行也起了推动作用。20 世纪 50 年代，美国的商业甜品师认为乳脂软糖是巧克力完美的替代品，因为巧克力会在炎热的夏天融化。

乳脂软糖迅速在其他英语世界流行开来。巧克力一直是人们最爱的口味。随着时尚潮流的改变，香草、坚果、枫糖、酒、水果香精或是朗姆酒和葡萄干的结合也出现了。因制作简单，并且需要相对较少的投资，在 20 世纪最后几十年中，乳脂软糖产品的特许经营在旅游景区的小商店里成功实现。

两种分别来自苏格兰与荷兰的乳制甜食也影响了乳脂软糖的发展。将苏格兰糖片（Scottish tablet）、糖和牛奶或奶油熬在一起，通过拍打使其粒化而成，或许听上去很像乳脂软糖，但有细微的不同。这种糖初始质地更脆，食用时可以快速地溶解为适宜的微晶溶液。熬制时温度上一两度的差异，再经过简单的搅拌就能产生这种差别。起初，这种糖的名字描述了其扁平的形状。①1736年，苏格兰最早的烹饪书籍《麦克林托克夫人的烹饪与糕点制作食谱》（*Mrs McLintock's Receipts for Cookery and Pastry-work*）中，记录了生姜、橙子或玫瑰风味的苏格兰糖片的制法。荷兰的"*borstplaat*"是另一种糖制甜食。"*borst*"意为胸口，最早这种甜食由药剂师制作并当成治疗呼吸疾病的药。现代的变体是奶油和糖的混合物，在薄板中制作或倒入模具中，是12

---

① tablet还指药片、碑、平板等，都是扁平的形状。——译者注

月初的圣尼古拉节的传统食物。[14]

其他旅游纪念品也用粒状糖制作。新奥尔良胡桃糖（praline）由商店和胡桃糖贩售卖，制作者（通常为女性）一般在城市的街角，用大滴粒状糖和牛奶、黄油或奶油一起熬，再混合切好的山核桃。1893 年，“prawleen”是指由新奥尔良黑蔗糖浆、红糖、巧克力和黄油混合而制成的甜食。[15]1901 年，《皮卡尤恩的克里奥尔食谱》（*The Picayune's Creole Cookbook*）以“胡桃糖”为标题，提到“用椰子和糖制作美味的粉色和白色的糖蛋糕”以及“用山核桃和糖制作棕色蛋糕”。

“praline”是一个法语单词。法国制造的胡桃糖质地较硬，一般把杏仁放在焦糖中翻滚，这种技术被称作“喷砂”（*sablage*）。胡桃糖有很多种变体，其中一种据说起源于 17 世纪的杜普莱西斯公爵府邸。无论是何起源，各种胡桃糖都广为人知。1820 年，意大利甜品师威廉·贾瑞（William Jarrin）评论说胡桃糖裹上干燥的糖是为了防潮；他还列举了开心果、橙花、白杏仁和红杏仁做的胡桃糖。西班牙人制作的琥珀核桃（*garrapiñadas*），基本是一样的食物。令人困惑的是，比利时胡桃糖是巧克力，起初以烤制坚果和糖的混合物命名，一般研磨后用来增添风味。

在新奥尔良资料中有所提及的椰子的“粉色和白色的糖蛋糕”让人想到了椰子糖霜，这是在 19 世纪后期的英国甜品书籍中突然出现的一种糖，用粒状糖和新鲜磨碎的椰子制作，不久之后被干椰子取代。在 20 世纪 50 年代的北美，椰子糖是一种全年都流行的甜食。它们成为最受欢迎的一些糖果的夹心，例如先被美国好时（Hershey）公司于 1921 年首次生产的“Mound”，和玛氏（Mars）公司于 20 世纪 50 年代初期首次生产的“Bounty”（在英国、加拿大、澳大利亚和其他地方仍在销售）。或许在任何可以获取椰子和糖的地方，二者都是一种很适宜的搭配。糖制的椰子味甜食在墨西哥、巴西、西印度群岛、东南亚和印度都是传统食物。

新奥尔良胡桃糖商贩，旁边的篮子里放着糖和坚果甜食。

枫糖和甘蔗毫无关系。它的原料是产自加拿大东部和美国东北部初春时节的枫树汁。枫树汁含糖量很高，通过熬制浓缩，倒入模具中成形，可以给小小糖果添加乳脂软糖般的口感，或者倒在雪上冷却，很快就会变成枫太妃糖。美洲土著敲打枫树和其他树来提取汁液，但是尚不能确定在欧洲移民者到达之前，他们可以将糖浆和糖加工到什么程度。[16] 无论是什么情况，枫糖带来了一种令人趋之若鹜的风味，被用在很多甜品和糖果中，尤其适合与山核桃和胡桃一起加工。

在众多不透明和不同硬度或奶油状的糖果之中，大量的透明和带条纹的糖果在哪呢？有着宝石般的颜色和五花八门的形状，它们填满了怀旧风格的“传统”甜品店的罐子，带着对英国熬制糖果和北美硬糖的复古想象。那么救生员（Lifesavers）薄荷糖、福克斯冰川（Fox’s Glacier）薄荷糖和梨糖又从何而来呢？

这些糖果本质上很简单。熬糖浆至硬片状，快速冷却后会变成亮晶晶的透明糖。为了加速这一过程，甜品师使用各种“医生”或干预代理人技术“切开糖粒”或者“给糖上油”。在工业化时代之前，甜品师用柠檬水或蜂蜜来抑制糖浆的结晶过程，之后在大规模生产中，用葡萄糖或酒石代替。这样可以产生一种非常有可塑性的原料，同时仍然保持温热和延展性，这种混合物可以被加工、塑模、切成小块甚至像玻璃一样被吹起来。

19 世纪之前出现了很多食谱。多数 18 世纪的英文食谱中包含透明麦芽糖、熬糖至硬片状、切糖成棍状或片状。一位 19 世纪早期的观察者弗里德里希·昂格尔，在伊斯坦布尔发现了一种用纸包着的熬制硬糖，称作“纸包糖”（*papillottes*）。这个名词表示他将这些甜食或它们的外包装与法国联系了起来。随后英国人将硬糖发扬光大，使得这种糖果的消费持续增长。1865 年，亨利·韦瑟利（Henry Weatherley）写道：“毫无疑问的是……英国人偏爱硬糖——这种最简单也最正宗的甜食。”[17] 他的书在美国费城出版，因此他或许推动

NANE LİMONLU AKİDE
(WITH MINT AND LEMON)
18,00TL
SUSAMLI AKİDE
(WITH SESAME)
18,00TL

2012年，伊斯坦布尔，传统的玻璃罐中展示着各种调味糖。

了硬糖在北美的发展。

1851 年，伦敦的万国博览会令许多产品流行了起来，包括各种甜品。在此之前，韦瑟利断言，硬糖“几乎是英国制造商独有的”。

但是博览会对于作者及其他英国甜品师产品和机器的推介，使硬糖在其他国家也得以生产，尤其是在德国。而就种类或工艺而言，英国硬糖不太可能被超越。[18]

半个世纪后，斯库斯认为英国生产的糖果中，至少三分之二含有熬制糖。[19] 法国人称这种糖果为焦糖（西班牙语中仍称为 *caramelo*，俄语中仍称为 *karamel*，可以反映出早期这些词汇被甜品师指代的硬片的含义）。

硬糖变得空前便宜，更具吸引力。糖的成本在全部成本中占比逐渐下降。可以让人们获得即刻的能量补充，加上五彩的颜色、各种形状和口味，物美价廉的糖果在英国和其他地区的工业化城市中备受贫民欢迎。或许煤的价格也受此影响，因为熬糖是一个耗费燃料的过程。

最初，熬制糖只是简单地被滴在纸上或是捏成小棍状。机器提升了制糖速度和塑形能力。手工制作的话，一个熟练的制糖工人和一个学徒大约可以在 30 分钟内熬制和塑形 3 公斤糖。1847 年，糖辊（drop roller）的发明意味着一个学徒自己可以在 5 分钟内有同样的产量。糖辊由马萨诸塞州波士顿的奥利弗·蔡斯（Oliver Chase）研发，并很快就成了不可或缺的工具。这种成对有印花的糖辊现在仍在使用。糖浆冷却至易塑形的温度时，倒入糖辊被压制成立体的形状。新型工业化口味和颜色取代了传统的果汁、香料和植物萃取的颜料（如最初被用于熬糖的藏红花粉）。

糖果的形状就更具奇思妙想：花朵、星星、橡子、坚果、鱼、剪刀、青蛙、贝壳、三叶草以及圣诞节期间的圣诞老人和火鸡。一家芝加哥公司托马斯·米尔

19世纪后期，甜品商熬糖间墙上挂着的糖辊架。

斯兄弟（Thomas Mills and Brother）的商品目录，展示了五花八门的设计。“便宜、颜色鲜艳、精美的熬制硬糖、便士糖令孩子们着迷，他们把这些糖当作装在街角商店玻璃罐中炫目的宝石。”[20] 更大的熬制硬糖成了透明的糖玩具，作为赠予年轻人的传统圣诞节礼物。孩子怎么能抵御这些糖的魅力呢？它们有的是山羊顶人，有的是人被狗拉扯衣服，有的是猴子吃水果，还有骆驼和大象。

这为用糖塑造各种非凡的形状翻开了新篇章。其他文化也有对糖的奇思妙想：日本的一项传统街头娱乐捏糖人，就是用熔化的糖捏出花朵和动物的形状。中国也有类似的传统，包括用熔化的糖在板子上作画，以及像吹玻璃一样吹麦芽糖糖浆。这些传统的起源并不是很清楚，但显而易见，却能让各个年龄段的孩子驻足观赏。

古老和新奇的糖果一并被保留下来。麦芽糖是 19 世纪的高温熬制糖，最初是用大麦汁代替水来熬糖，如法国的麦芽糖（*sucre d'orge*）。大麦仍被用在莫雷卢万河畔地区的特产“莫雷修女麦芽糖”中。

麦芽糖的出现并不简单。直到 20 世纪早期，麦芽糖有时会和短棍糖（pennet）画等号，有时会因一种拉糖技术变得不透明、发白，并被认为对感冒有疗效。这个词本身和糖的白色特质显示了这种糖在过去以何种形式被熟知，以及这种新奇糖果和古时候用于治疗感冒的蔗糖之间的联系。

拉糖一般使用熬至开裂的糖浆。当冷却至可上手处理但仍有延展性时，便可以开始高强度地处理糖团。今天，有摇臂的机器花几秒钟就能处理，过去则是纯手工，将糖团甩挂在一个铁钩上拉扯、折叠。很快糖团就会变白：这个过程产生了微小的糖结晶，混入零星的空气，混合物变成了“被空气柱隔开的很多细小、部分结晶的糖缕，形成充满光泽的糖线交织的纯净结构”。[21]

一些最好看和吸引眼球的甜品就是这样制作的。

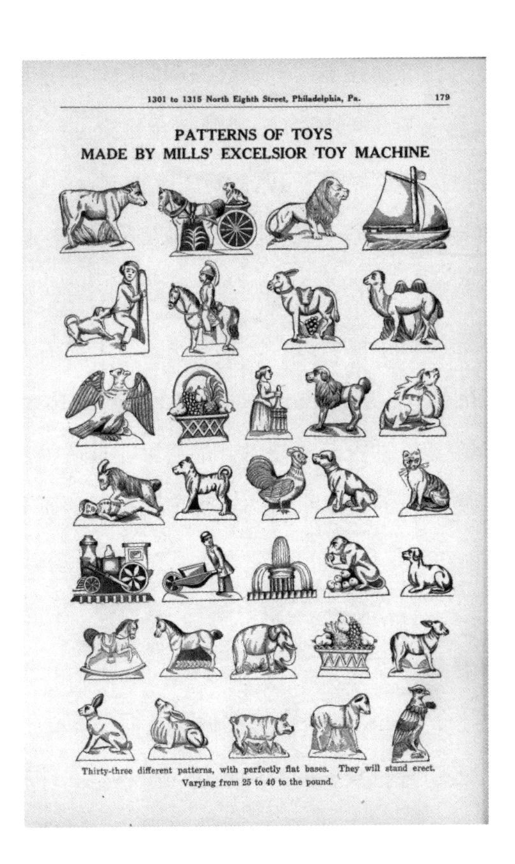
1301 to 1315 North Eighth Street, Philadelphia, Pa. 179

PATTERNS OF TOYS
MADE BY MILLS' EXCELSIOR TOY MACHINE

Thirty-three different patterns, with perfectly flat bases. They will stand erect.
Varying from 25 to 40 to the pound.

20世纪30年代，费城甜品机器和工具生产商托马斯·米尔斯兄弟的产品目录，展示了各种糖玩具的形状。

北美的圣诞节拐杖糖，有着红白相间的螺旋条纹；有着度假感名称的英国海滨硬糖神奇地穿过一根白糖棒；苏格兰“熬制糖”有着多种颜色和条纹，可以在甜品店架子上的罐子中一层层地精美呈现；法国的四角形透明糖，是用缎状白糖的条纹装饰的彩色小糖果，是卡尔庞特拉小镇的特产；还有粉笔般的糖果和细小牙线般的糖线，它们的出现都归功于拉糖技术。

拉糖是一种古老的技术，最初可能被认为是一种赋予特殊品质的技术。对“短棍糖”一词的研究揭示了19世纪工业化生产闪闪发光表面下的一段意外深厚的历史。像“糖果”和“糖”，短棍糖一词暗示了蔗糖有着超越距离和时间的重要性。它是“英语化的拉丁语 *penidium*……源自阿拉伯语单词 *al-fanid*，这是13世纪西班牙穆斯林的一种表述，意思是圆环和圆盘形状的拉糖”。[22] 西班牙语和葡萄牙语中的“糖果条”（*alfeñique* 和 *alfenìm*）都由此衍生而来，指代加工至白色的糖。“*fânîd*”一词是从波斯语借鉴到阿拉伯语的，

上图：2016年，中国西安，制糖者通过拉扯和折叠的方式制作糖绳。

左图：机器拉糖，更安全，但没有传统手工技艺观赏性强。

最早可能是取自梵语中的“*phanita*”，用来描述半精制糖的特定形态。根据中世纪阿拉伯物理学家伊本·卡法的说法，“*fânîd*”对治疗胸口疼痛有效，可以通过减少胸口中的冷物质来缓解紧张。[23]

这些特质也在拉糖技术西进的道路中共同传播。米歇尔·德·诺查丹玛斯在1552年给出了一份食谱，用细节展示了拉糖的过程已经被人们很好地理解了。“按照你的心意频繁地或者慢速讲究地卷动或旋转糖团。”蜂蜜或油会让糖褪色、不易保存。“结果是……非但没有缓解喉咙肿痛，反而加重了灼烧感。”[24]19世纪初期，在意大利这样的街头甜品之都，拉制糖显然已经成为一种低端市场的食物。1848年，亨利·韦瑟利在他的巴黎之旅中发现了一种很普遍的熬制甜食，在露天的货摊用炭火熬制，拉扯直至发白。

不同的文化掌握了这项技术，并为拉制糖增加了条纹和花样。拐杖糖和其他的拉糖甜食是以拉制糖作为圆柱形主体，再用条状的纯熬制糖作为条纹，传统的条纹一般为红色。它们被拉成需要的软硬程度，再切成小段。薄荷油是一种常用的增味剂，大茴香、丁香和其他的香精也常被使用，有时以不同的颜色搭配。

英国海滨硬糖在制作之初被称为“莫托硬糖”（motto rock）。制作时，彩糖长条被制成平板和圆柱体。比如，包裹红色糖衣的白糖圆柱体横截面形成字母“O”形。这些元素堆积起来成为一个大型圆锥状糖团，然后旋转、十字横切。在每一部分的横切面，花纹都清晰可见。在制作时糖必须是温热的，因为拉制和塑形需要延展性。[25]

有证据表明，加入字母的制糖技巧在19世纪中期的伦敦成为一种技术创新。亨利·梅休（Henry Mayhew）在《伦敦工人与伦敦穷人》（*London Labour and the London Poor*）一书中首次记录了这一现象。亨利·韦瑟利评论道，“缤纷多彩的、有条纹的和纯色的硬糖和棍状糖”，以及“LOVE”形状的硬糖似乎成了

胡安·范德尔·哈姆·莱昂,《放甜品篮的桌子》,1620年,帆布油画。在糖渍水果和饼干中,有两个白色的弯弯曲曲的糖果,可能由拉制糖制成。

2016年,英国海滨小摊在售卖海滨硬糖、甜品和其他小玩意儿。

当时的一种潮流。[26]制糖过程听上去简单，却需要技巧和对细节的观察，才能制出完美的糖果。加入字母的技巧似乎来自英国，但复杂的花样却来自其他地区。

圆心糖、薄荷糖以及小一点的条纹糖都被认作英国的“传统”糖果，它们大概是在同一时期演化而来的。它们便宜而引人注目，和透明糖果一起涌向了市场，尤其是城镇市场。大西洋两岸的人们都认为拉制糖微不足道但十分好看。拉制糖具有巨大的吸引力，让很多观察者着迷，有时作为日常消遣、有时作为节日的新鲜玩意儿而成为儿时回忆。

有些传统拉制糖仍需要进一步的熟化或粒化（粒状糖不太可能在多变的储存条件下发黏），例如能把牙硌疼的爱丁堡硬糖，以苏格兰首都命名的彩色画笔般的棍状糖。传说这个制作过程的发明是一个意外，但其他地方也存在类似的糖果。荷兰的“肉桂块”（*kaneel-brokken*）有着肉桂的颜色和味道，比爱丁堡硬糖更硬，有着一样的粒状糖口感，土耳其的“糖芝士”

（*peynir sekeri*）也是这样。弗里德里希·昂格尔发现糖芝士：

> 被东方人大量食用……土耳其人以高度灵巧的技法制作这种拉制糖，这个过程赋予了它们可以想象到的丰富的颜色和形状……这里使用的制作方法与欧洲毫无区别。[27]

糖芝士一般加入香草、玫瑰、橙子、肉桂或其他香料调味。

土耳其的另一种拉糖甜食是最非凡的糖果之一。这种糖被称作“土耳其须糖”（*keten helva* 或 *pismâniye*），得益于技巧和原料的结合，可以制造出一种如蓟花的冠毛般的丝状质感。这需要用面粉和黄油的混合物烹饪和搅拌近 1 小时，同时把备好的糖浆熬至硬片状，拉至白色，呈圆环状。

在拉制糖形成的圆环上撒上大量的熟面粉，把它放在一个大圆托盘中间。三四个或更多人围坐在托盘周围，双手放在圆环上挤压，同时沿逆时针方向传送。这需要完美的传送节奏，圆环才不会因某处更细些而最终断开。[28]

圆环变大后折叠，撒上更多的面粉，这一过程至少会重复 10 次。每次折叠时圆环都会变得更细，最终形成奇特的牙线般的质地。在土耳其，这一技术至少有超过 5 个世纪的历史，它的另外一个名字“*pismâniye*”源自波斯语单词“羊毛”（*pashm*），暗示这一甜食广为人知。[29]

西方没有类似于土耳其须糖的糖果。通过在一个加热的表面甩制而成的牙线糖或棉花糖，都是粗糙的粒状质地，不像土耳其须糖那般精细。这个过程已经实现了部分机械化，但拉制仍是手工。须糖经常是在家中制作的，这对技术是一种真正的考验。而须糖派

通过将糖浆拉成大量精制糖须来制作
龙须糖（与土耳其须糖很像）。

对曾是土耳其家庭冬日夜晚的常规项目。

在 1900 年左右的北美，在“太妃摊”（taffy pull）处拉糖成了一种流行的儿童社交与娱乐活动。太妃糖的制作也成为一门生意，在海滨木板路上摆摊来吸引顾客。盐水太妃糖（saltwater taffy）如今有各种颜色和口味，每一粒都包裹在蜡纸中，发展为一种北美特有的形态。像很多糖果一样，盐水太妃糖的发明也有一段道不明的往事，与 19 世纪 80 年代一批被海水污染的太妃糖有关。还有一种可能性更大的解释：太妃糖卖家“只是喜欢这个名字，认为可以和海滨的乐趣结合在一起，就用它来为太妃糖命名”。[30] 或许低预算的海滨旅行需要一些纪念品，也是重要的原因。英国海滨硬糖大约在同一时间被首次记录。20 世纪 50 年代，工业化制作的盐水太妃糖包含少量盐，通常只有一茶匙，和其他大约 11 公斤的原料混合在一起，加入棉花糖混合轻化（棉花糖由糖、玉米糖浆、蛋白和明胶混合而成）。

北美的“太妃糖”（taffy）指的是各种有嚼劲的糖果，不含乳制品成分，通过拉扯使其颜色变浅、质地变柔。它柔软耐嚼，与现代英国概念中的“太妃糖”（toffee）没有明显的关系。在现代实践中，太妃糖通常不需要拉扯，（应该）含有黄油、牛奶或奶油。这些特点阻止了糖的粒化，并与热糖反应，形成了诱人的似烤面包和坚果的风味。

在历史长河中，北美太妃糖和英国太妃糖的起源被混为一谈。“太妃”没有阿拉伯文的起源。在苏格兰方言中，太妃代表万圣节时将糖蜜和面粉熬在一起。18 世纪，塔菲亚酒（tafia）是一种加糖浆的含酒精饮品，可能是太妃糖的起源。19 世纪，糖浆或糖蜜被加在街头小贩制作的廉价甜品中，当时有记载：“大名鼎鼎的‘太妃糖’……到处都大受欢迎。”[31]“太妃糖”也是甜品师的行话，在熬糖师将糖浆熬出硬片状时使用。

一种甜品师之间类似“球拍换球”的食谱交换发

上图：位于特拉华州雷霍博斯海滩的多尔糖果乐园（Dolle's Candyland）。1927 年以来，这家家族企业一直在出售盐水太妃糖和其他自制糖果。

左图：草莓香蕉口味的盐水太妃糖，是2016年俄勒冈州海滨出售的94种太妃糖口味之一。

生在北大西洋地区。北美人制作了某种甜食，并称其为“英国太妃糖”（英国人对此感到困惑，对他们来说太妃糖就是太妃糖）。这种糖果质硬、含有黄油并嵌有杏仁，在英国鲜有制作。这大概是对英国杏仁糖和杏仁硬糖的一种传承——将黄糖熬至硬片状，以各种方式混合杏仁。亨利·梅休曾提及它是 1864 年一种流行的街头甜食。

“美国黄油奶糖”或“费城黄油奶糖”在 19 世纪来到英国，受到了热烈欢迎。这些糖果含有糖、牛奶和各种脂肪、黄油和奶油（或非乳制品）。人们开始寻求这类甜食的食谱，一名甜品商称他花了很大功夫并斥巨资才得到这类食谱。[32] 其中一种食谱包含糖、葡萄糖和黄油，将食材熬至开裂，混入香草香精。查尔斯·阿佩尔（Charles Apell）在他于 1912 年编写的 24 页食谱中指出，黄油奶糖应该是有嚼劲的，这些甜食很可能就是这样的。

在美国黄油奶糖入侵时，英国的太妃糖还是一种美味的、黄油状的糖果，并会有脆脆的、硬硬的口感。比如，埃弗顿的太妃（Everton toffee，来自埃弗顿，现为利物浦郊区）和唐卡斯特的奶油太妃（Doncaster butterscotch），二者都起源于19世纪上半叶。1900年，约翰·麦金托什（John Mackintosh）在约克郡的哈利法克斯市发明了一种有嚼劲的新型太妃糖，把太妃糖本身的口味和美国黄油奶糖的口感结合在一起。随后他把这种糖带去美国，用极其自信的口吻宣传道：

我是约翰·麦金托什，太妃糖大王，愉悦之主，快乐之王。我的旧式英国糖满足了我数以百万计的臣民。我的宫廷小丑名字叫“胃口”……我是世界上最大的黄油消费者，我拥有的优选家畜遍布约克郡山丘。我买的食糖要用火车运送。我是约翰·麦金托什，英国太妃糖大王，无人能敌。[33]

尽管如此，北美人或许会说，宝贝卷糖业（Tootsie

Rolls）的黄油奶糖和巧克力的韧性混合物才是韧性太妃糖的真正灵感来源。

黄油奶糖有着黏牙的坏名声，黏住过一代又一代小学生的上下颌，却影响了英国人对太妃糖的认知。很多公司都生产这种糖果：生产“kreemy”太妃糖的夏普斯（Sharps）、帕金森（Parkinson's）、生产奶油太妃的凯勒（Keiller's）和卡拉尔与鲍泽（Callard & Bowser）、法拉斯（Farrahs）、蓝鸟（Bluebird）、桑顿斯（Thorntons）和其他很多公司。品牌保证了质量，斯库斯评论黄油奶糖时说：“当首次被带到美国时，这些糖果绝对是美味的……很快需求开始普遍，竞争加剧……价格降低，质量变差。”[34]

旧式无品牌的太妃糖仍然由家庭和当地的小甜品商制作。用糖、糖蜜和牛奶或黄油熬在一起，倒进托盘中成形。通常是当地普通商店的小贩，用一种特制的太妃糖小锤把它们敲成脆脆的硬块，这是一种持续到20世纪70年代的传统。在我童年时代的约克郡，这是仲秋时分，即万圣节前后和 11 月 5 日的盖伊 · 福克斯之夜（Guy Fawkes Night）的一个重要节庆项目。

市场营销手段在巧克力的销售中得到改进与利用，太妃糖的销售也得益于此。在 19 世纪的英国、法国、瑞士和美国，企业家将巧克力制成片状或包裹在其他甜品上，然后包在箔纸和漂亮的包装纸或盒子里，打造为一种奢侈礼品。太妃糖比较便宜，但放在装饰感十足并实用的罐子里（密封包装非常关键，因为它很容易发黏），很适合作为礼物，并适用于特殊场合，这无疑有助于提升品牌形象及产品地位。

另外一个创新是巧克力棒（countline）的概念，即以条数而不是重量来售卖巧克力。在巧克力棒中，巧克力通常作为糖衣。当大西洋两岸的制造商开始对此进行试验时，他们用了其他甜食作为夹心。黄油奶糖是个流行的选择，另外还有牛轧糖、棉花糖、脆米和花生。熬制硬糖不太流行，虽然加入碎片可以增加脆脆的口感和风味，但口感不能很好地融合。在英国，玛氏棒（Mars Bars，1932 年上市）将黄油奶糖作为夹心，美国没有这种商品，在那里，玛氏公司把黄油奶糖注入了士力架（Snickers，1930 年上市）。[35]

蜂巢太妃糖，是把小苏打加入熬制糖团中，使其形成泡沫状。起初，这是一种引人注目的地方性创新，相似的食谱在《皮卡尤恩的克里奥尔食谱》中有所提及，是一种路易斯安那州的特产。在美国，蜂巢太妃糖被称作“海绵糖”或“海沫糖”；在新西兰被称作“戏法糖”；在西班牙变成了黑色，而被称作“煤糖”，用来送给调皮的小孩。

各种更具个性的糖果出现在其他国家。1903 年成立于德国的斯托克（Storck）公司成了一个成功的品牌，其制作的“维特原创”（Werther's Original），口感清脆、有黄油味，对英国人来说像是奶油太妃的口感。瑞典的圣诞节带来了“奈克糖”（knack），把糖、奶油、糖浆和杏仁一起熬制，口感有的柔软，有的有嚼劲。

1924年夏普斯太妃糖的广告。这种被广泛宣传的太妃糖非常受欢迎，出口到世界各地，尤其是英帝国的属国。

有些糖果还会加入咸味（类似于现在流行的咸味黄油奶糖）。荷兰的“*boterbabbelaars*”是一种黄油、糖、深色糖蜜和醋的混合物，还会加一点盐。这种糖的名字无法翻译——“黄油”和“话匣子”组合在一起——但谁也没说过糖果会遵循逻辑规则。[36] 咖啡也是一种流行的口味。据说，荷兰的亨里克·霍普男爵发明了“*Haagsche Hopjes*”，他是一名患有痛风的外交官，对咖啡很有研究。西班牙的“*dos cafes*”是韧性黄油奶糖小块，或许和韧性奶油咖啡糖有着久远的关联，这种糖的食谱由西班牙大使的甜品师伯雷利亚于 18 世纪发表。以上几种糖果中没有一种被认为是英语世界中的“太妃糖”，它们久远的起源仍然成谜。太妃糖、黄油奶糖和奶油太妃不再只是耐嚼糖果，还有更广泛的用途，比如作为调味品，作为糖浆混合物浇在甜品上或冰激凌上，还有制成小糖片，撒在食品上进行点缀。

Sweets and Candy

A GLOBAL HISTORY

3

糖与美好的一切

糖可以和许多种原料很好地融合。不同种类的果仁薄脆糖（brittle）会用到不同的坚果，这是一种在过去大部分时间都没有记录、却受到许多热切的消费者追捧的糖果。果仁薄脆糖的做法是将坚果与糖浆简单地混合后熬至 155°C。在美国，花生薄脆糖于 1912 年已经非常流行，查尔斯·阿佩尔在《20 世纪糖果师》（*Twentieth Century Candy Teacher*）一书中记录了 10 页的食谱，包括受欢迎的洋基 1 号花生薄脆糖、西班牙花生小方、小玩意糖和山核桃或核桃薄脆糖。20 世纪 50 年代，果仁薄脆糖在秋季和冬季最畅销，尤其是临近万圣节和感恩节的时候。[1] 杏仁糖和杏仁硬糖在 19 世纪的英格兰是果仁薄脆糖类的甜食。

19 世纪 20 年代的伦敦，甜品师威廉·贾瑞掌握了如何用杏仁和糖的混合物制作牛轧糖（*nogat*）并做成装饰性的形状。在地中海国家，法国的牛轧糖（*nougatine*）、意大利的牛轧糖（*mandorlato*）和拥有吸引人的西班牙名字的牛轧糖（*turrón*），都是受欢迎的节日糖果。东方的类似糖果在英国人看来是像太妃糖般的混合物。“酥汉”（*sohan*）是一种传统的伊朗甜食，混合了大而薄、有些不规则的糖片，油或黄油，藏红花，蜂蜜和杏仁，顶上撒着切碎的开心果，“一种黏稠、油腻、非常容易上瘾的甜食，这一定是有那么多伊朗人学习牙科的重要原因”。[2] 印度人也喜欢简单的由坚果和糖为原料的甜食，比如伽伽克糖（*gajjak*）——糖、坚果和芝麻的混合物。花生薄脆糖在中国也很流行，还有用芝麻和糖熬在一起的糖果。1700 年左右广东省的资料中提到了芝麻糖。[3]

用坚果、糖浆和打散的蛋白可以制作出英语母语者所知的牛轧糖（nougat）。淀粉薄片通常被用来夹住这种黏稠的混合物。有很多种甜食都符合以上描述：西班牙的“*turrón*”，意大利的“*torrone*”和土耳其与伊朗的“*gaz*”或“*natif*”。它们各有区域特色，一般是纯白色或暖奶油色，嵌有烤制杏仁、浅绿色开心果、糖渍橘子皮或杏子糊，可以配蜂蜜（现在一般以葡萄糖糖浆替代）以及花朵香精来吃。

糖浆被熬至140°C—149°C时的质地各异。温度低一点可以制作出有嚼劲的白色蒙地利牛轧糖（*nougat de Montelimar*）。高一点的温度会使糖变焦，带来酥脆的口感、更加强烈的味道和西班牙阿利坎特牛轧糖（*turrón de Alicante*）的暖奶油色。阿利坎特牛轧糖是糊状的，烤制坚果在加入混合物前先被磨碎。意大利各地都制作牛轧糖，颜色和口感各异，有克雷莫纳或贝内文托（近那不勒斯，用榛子制作）的传统品种，还有更工业化的品种，加入烘干水果、巧克力或咖啡。

在英国，淡白色的牛轧糖品种似乎是到19世纪后期才流行起来的。一份19世纪90年代的食谱描述了一种糖果，是将坚果放在奶油（方旦糖）混合物中。大约1900年，斯库斯写道：

酥汉是一种伊朗甜食，由熬制糖和坚果制成。

牛轧糖的手工制作：将混合物倒入模具中成形。

> 一些非常普通的东西被放在手推车上售卖，在海滨度假地的托盘上售卖，在贫困的街区于外国人开的小店里售卖。这种产品的质地是……一种用可疑的原料制作的神秘混合物。[4]

在美国，牛轧糖在机械化搅拌壶的帮助下，很快成为一种可批量生产的甜食。这种操作减轻了繁重的工作，融入了工业原料，如葡萄糖、果冻和植物脂肪。

西班牙牛轧糖作为一系列食物的通用叫法有着悠久的历史，包括蛋黄牛轧糖（用蛋黄制作，更像是杏仁蛋白软糖的质地）、乳脂软糖般的山核桃牛轧糖、榛子牛轧糖和最近的创新品种。这些糖果曾是胡安·范德尔·哈姆·莱昂画作中的主角，它们的过去却不为人知，但它们现在很受关注，尤其是圣诞节时，它们会被铺上一层层奶油和黄糖，摆放在店铺中。

牛轧糖有多个分支。它的匈牙利和奥地利名字被译为“土耳其蜂蜜”，暗示了这种糖果的根源和在伊斯兰世界中长长的历史。一份10世纪的波斯资料描述牛轧糖“看起来硬硬的、像银子一样发光，嵌满精制的坚果和鲜花般的风干水果，吃起来像嘴唇一样柔软和甜蜜”。[5]在波斯文化中，牛轧糖被称为“*gaz*”，在3月初的新年庆典时被包进精美的包装纸中。在西方的工业化糖果中，牛轧糖或类似名字的糖果，被降级成了巧克力棒的夹心。

中东牛轧糖有时候会用到来源于丝石竹香料的成分，而非蛋白。[6]作为制作中东甜食用到的根茎材料，丝石竹对土耳其芝麻糖也非常重要，对希腊和中东其他地方的甜食也是如此。丝石竹根茎在水中被熬出汁，然后搅出白沫。这是因为其中含有一种叫“皂素”的物质，有时会导致丝石竹被当成肥皂草类植物。

将白沫与糖浆和芝麻糊混在一起，长时间敲打并揉在一起。19世纪的伊斯坦布尔对此过程保留了生动的描述。一般需要3个男人敲打糖膏3个小时，他们轮流工作，一个人从另一个人手中以一种流畅的、不停的、匀速的节奏接过敲糖器，直到这一批糖膏完成。“稍微停下一会儿，节奏的不规律或是动作上的变化都会立即使想要的成品打折扣。”[7] 19 世纪的中东甜食包括了蜂蜜、完整或磨碎的芝麻、粗面粉、坚果和玫瑰的混合体，产生了很多种不同的品种。土耳其早期的文字记载了用蛋清和丝石竹熬出的汁可能用于牛轧糖的制作，这解释了因此而来的显著特征，即浅色和其独特质地。

杏仁蛋白软糖（marzipan）是另一种浅色的坚果混合物，它由磨碎的剥皮杏仁和糖混合，再加上玫瑰香精或鸡蛋。米歇尔·德·诺查丹玛斯在 1552 年轻蔑地写道，这是“一种简单的糖果，每个药剂师都会制作”。[8] 杏仁蛋白软糖同样很有可能源自伊斯兰的某种神秘甜食，它有着许多创新的可能性，品质多变，是“一种食材而非甜食”：

英国版本——明黄色、齁甜、口感黏稠、通常被埋在水果蛋糕的糖霜下面……真正的杏仁蛋白软糖非常不同：轻盈、湿润、是一种美味又清爽的用糖与杏仁（有甜有苦）制作的糖膏，夹杂着坚果的香气和糖嘎吱作响的灵魂。[9]

杏仁蛋白软糖食谱的用料比例有所不同，两份杏仁和一份糖是一种合适的比例。最优级别的杏仁蛋白软糖被加热烤制，加入热糖浆，在火上加热混合或轻柔地烤制直到成形。

甜杏仁糊遍布欧洲、西亚和北非，串联起了太多种烤制杏仁类甜食。许多成为当地特色：普罗旺斯可利颂软糖（呈梭形并含有糖渍甜瓜）、马卡龙、杏仁甜饼干、意式杏仁饼、意式杏仁酥、加入香料的纽伦堡蜂蜜饼。甚至还包括“阿拉如”（*alaju*），一种夹在两块大华夫饼之间、用软杏仁或面包渣和蜂蜜及香料混合的糖糊。这是西班牙东部和南部部分地区的一种特产，非常确定起源于阿拉伯。中国于 1154 年有记载：

上图：将芝麻糊（米色）和用糖浆搅拌的丝石竹根汁（白色）混合在一起，制作土耳其埃迪尔内的芝麻糖。

左图：20世纪90年代，葡萄牙阿尔加维的各式形状神奇的杏仁蛋白软糖。

“一些糕点制成方形，一些是圆形的，还有一些被雕塑成人像。”[10] 这是对类似甜食的早期描述，或许指的正是混合了糖和松子或核桃的甜食。

“杏仁蛋白软糖”这一名称的起源不为人所知。人们猜测可能是以发明者的名字命名，或来源于拉丁文表述“圣人马克的面包”（*Marci panis*）。没有一种理论完全使人信服。古英语中，对糖与坚果混合物的说法是“杏仁糖”（marchpane）。

16 世纪的欧洲，杏仁蛋白软糖非常常见，有时是作为一种配料，有时单独作为一种甜食，都很好吃。作为理想的塑形糖，杏仁蛋白软糖被用于展示中世纪餐桌上各道菜肴间的微妙区别。在 16 世纪与 17 世纪的英格兰，杏仁糖让各种庆典活动变得与众不同。一般会把杏仁蛋白软糖压在一个有着装饰性卷边的大盘子中，撒上糖霜和玫瑰香料，再以糖果和镀金塑形的、充满奇思妙想的动物和其他物体装饰。如今德国仍然制作这种糖盘。尤其是在吕贝克，19 世纪初由约翰·格奥尔格·尼德勒格成立的公司目前仍在生产高质量的杏仁蛋白软糖甜品。杏仁软糖猪是圣诞节和新年时人们的最爱，被认作富裕与好运的象征。

在欧洲，杏仁蛋白软糖的形态各不相同。有些很抽象，例如起源于修道院的托莱多杏仁糖小雕像。西西里的马托拉尼亚果实也源于修道院特产，是艳丽的杏仁蛋白软糖水果或蔬菜。奥斯曼土耳其也曾有这样的食物，用透明黄芪胶溶液和糖浆做出光滑的表面。法国人制作了各种各样的杏仁蛋白软糖——水果、蔬菜、海鲜等。历史上，技巧高超的甜品师曾制作出非常精美复杂的品种。1820 年的一份食谱描述了如何用包裹住杏仁的糖膏来制作一个桃“石”；杏仁酱被涂抹在周围以塑造水果本身的形态，然后将全部半成品浸泡在明胶中，形成稍稍褶皱的成熟表皮。光亮的包浆薄层散发着水果刚成熟时的光泽。

糖衣香料或坚果是另一种类别的糖果，在中东和欧洲是重要节日的标志性食物，曾被称作蜜饯或糖李子。这些糖果在英语世界中已经丧失了它们的集体性身份，但作为个体仍然是人们的最爱：糖杏仁、茴香球、好时甘草糖、软糖豆、M&M's巧克力豆、雀巢聪明豆、薄荷糖、Sprinkles彩糖。甜品师将它们归类为摇制糖果（panned sweets/pan work），或是用法语名词“糖衣果仁”（*dragées*）。

“摇锅”（panning）是一种古老的技术，或许是沿用古欧洲蜂蜜类甜食的做法。这种技术在亚洲西南部和中部广为流传。无论起源为何，这类糖果在中世纪时被人们所知，最早从东方传入，随后由欧洲药剂师发扬光大。糖与许多种类的种子和其他夹心都曾被医用，摇锅技术目前仍被用来制作糖衣药丸。

“蜜饯”最早指的是一种小甜食，有着装饰性的外表，是庆典的标志，在正式的聚餐中和节日时分发给人们。在中世纪晚期的家庭中，蜜饯最主要的作用是帮助消化（而不是像现在一样当作饭后薄荷糖）。

蜜饯的制造过程很简单，在香料、坚果、小片水

西西里，一盒马托拉尼亚果实——塑形、染色的杏仁蛋白软糖。

果、糖膏、果冻、巧克力或糖渍水果的表面勾勒、叠加一层层薄薄的糖衣。在工业化之前的岁月直到工业化初期，可作为夹心的食物，比如香芹籽，在英国非常流行，制作时一般被放在一个平衡的盘子中。

> 一个大铜盘通过一根铁棒连接的两条铁链和一个钩子，被悬空挂在天花板或横梁上，围绕中心晃动……保持着合适的温度……来回摇晃。[11]

种子在其中被搅拌、加热和风干，然后加入足量的糖浆浸润。这里用到的糖浆被加热到熬糖的低温区间，仅比 100°C 高几度。在每次加入糖浆后，甜品师摇晃盘子，使蜜饯运动起来，并搅拌、揉捏它们。水分蒸发后，留下一层薄薄的不透明的糖衣。重复多次后，可制作出更大的蜜饯。尽管听上去简单，若要保障品质则需要技巧。加入几次糖浆后，必须要风干，不然糖衣就会发灰。糖浆一两度的温差，会导致表面从美丽光滑变得粗糙、疙里疙瘩。

17 世纪的博学者休·普拉特（Hugh Platt）提供了关于蜜饯制作的绝妙描述。他提到用作夹心的食物：大茴香籽、芫荽籽、小茴香籽、肉桂段、橘皮、香料面包糊和糖粉。添加不同的色素可以制作出不同颜色的糖浆，表皮的质地各有不同。几个世纪以来，人们对小蜜饯和大蜜饯进行了区分，因为后者要用到更多的糖，在糖成本很高的时候是需要考虑的因素。

法国人是制作蜜饯的大师。早在 13 世纪，凡尔登就在相关语境下被提及。梅斯、南希、图卢兹和巴黎均与蜜饯有关联，弗拉维尼（位于勃艮第）生产了大茴香蜜饯，作为修道院的专属甜食。蜜饯的概念被葡萄牙人带去了日本，在那里，有着不规则表皮的小圆糖被称为“金平糖”，“一个小小的太妃糖球……有着不平整的表皮，用糖、水和面粉制作，五颜六色”。[12] 金平糖的名字起源于一种葡萄牙甜食“*confeito*”，这种甜食最初也是以瓜子、芝麻或罂粟籽作为夹心。

硬制蜜饯的不同之处在于形状、颜色和饰面。硬质蜜饯形如鹅卵石，形状因夹心的不同而不同——芫荽籽夹心的为圆形，葛缕子籽夹心的为椭圆形，杏仁夹心的为鸡蛋形，长条形的肉桂棒证明了长条蜜饯的历史。近代欧洲的居民似乎为表面粗糙的蜜饯而着迷，最爱将其作为静物画的主题。表面粗糙的蜜饯在当代西方已不再流行，但仍在手工甜品作坊中时有生产。

白色是蜜饯默认的颜色，红色（来自植物染料或胭脂红）在现代早期经常被使用。藏红花色（黄色）和菠菜色（绿色）也被使用过。更强烈的颜色源于从矿物中提取的染料，甜品师知道它们有毒，但有时候也会使用。在19世纪中期，从煤焦油中提取的亮丽的新颜料被运用到了极致，产生了到现在还广为人知的彩虹色糖果。还有一个小小的分支，就是什色糖珠（hundreds and thousands），或是彩色糖粒（sprinkles）。这种糖果用糖晶做夹心，使得甜品师可以尽情创造颜色。让一代又一代的孩子感到神奇的是，这些小小的糖果，通常被撒在蛋糕和甜点上，呈现出各种颜色——每种颜色的糖果分批制作，然后混在一起。它们通常作为大型糖果的夹心，这种大型便士糖在英国被称为“大块头糖”（gobstopper），在北美被称为“碎下巴糖”（jaw-breaker）。这是一种令人着迷的东西，在缩小时颜色也会随之改变，让它们的年轻消费者在食用的时候需要不断进行观察和比较。这种神奇的效果源于甜品师使用糖浆边角料的习惯，使其产生随机的颜色层次。

19 世纪，便宜的食糖和机械化影响了蜜饯的制作。19 世纪中期，一种新型工业化锅具被引入巴黎。

> 把一个橘子形的球去掉三分之一，里面有一层内层，通过内层和外部的连接，可以让蒸汽穿过整个内部。有些锅沿竖轴垂直旋转，有些则来回震动。[13]

蒸汽控制了热度，为锅提供动力，管道系统抽出糖尘

让·朗德·达朗贝尔画，丹尼斯·狄德罗临摹，《糖果店：加工蜜饯》，18世纪中期，蚀刻画。

1926年，法国凡尔登，制作糖衣果仁的旋转蒸汽锅。

和水汽。这种交替淘洗和风干的烦琐过程成了一种工业化生产的步骤，可以让每个熟练的甜品师日产 23 公斤成品。到 19 世纪后期，一个熟练的技术工人可以监管“12 口蒸汽锅，每周可生产 3 吨至 4 吨成品”，并且这个过程相比过去用火加热的方法更干净、风险更小。[14]

摇制糖一直是甜品中一个特殊的分支。许多 20 世纪的甜品工厂没有设置生产摇制糖的部门，但有些厂商只做摇制糖。传统的夹心糖仍在蓬勃发展，在北美，糖衣花生是 M&M’s 最核心的品类。将小糖珠撒在巧克力糖上，这是一种从 18 世纪延续至今的甜食，还有装饰蛋糕用的闪银色糖衣果仁。

加入香料的蜜饯仍在生产。法国生产丝滑、淡淡茴香味的蜜饯；英国类似的产品是味道更浓的红色茴香球。甘草鱼雷（Liquorice torpedoes，英国）和好时甘草糖（Good & Plenty，19 世纪后期创立的北美品牌）继承了蜜饯的悠久传统。肉桂味道浓烈的原子火球（Atomic Fireballs）对北美的孩子来说是个挑战。不过，最主要的传承者应属由意大利公司费列罗（Ferrero）于1969年制造的嘀嗒糖（TicTacs）。这种糖通过“一种独特的旋转技术将薄荷糖用上百层的精制香草糖衣层层包裹”，[15] 即使形式不太相同，但制作方式与旧式蜜饯是完全一致的。

20世纪，摇锅技术在欧洲和北美也发展出了新的方向。甜品师发现，锅的大小、形状、内饰和旋转速度的不同会创造出不同的产品效果。用葡萄糖糖浆，使软质夹心糖成为可能。一般以软糖膏或小块果冻为夹心，在迅速旋转的小口径锅中制作。

生产于20世纪初的吉利豆（Jelly beans）是北美人的最爱，它们的夹心由淀粉模塑制成。作为一种流行的低价糖果，吉利豆在过去的几十年中得到了大力推广，部分原因是里根总统宣称这是他最爱的糖果，也由于吉利豆的品牌宣传——小巧、颜色绚烂、精准营销。进入21世纪，借着“哈利·波特”系列图书的东风，书中的比比多味豆得以生产。

巧克力是新一代夹心糖中的一部分，它们包裹着薄脆糖衣，有着五彩斑斓的颜色。在英国，能得利（Rowntree）公司于1882年生产了这类巧克力豆，在1937年被重新包装为聪明豆，流行至今。北美人从小吃到大的M&M's，两个M分别代表了福里斯特·玛氏（Forrest E. Mars）和好时公司总裁的儿子布鲁斯·默里（Bruce Murrie）。乔尔·格伦·布伦纳表示，这些巧克力豆是“因战争应运而生，可以让‘二战’时驻扎在热带国家中的士兵吃到不易融化的巧克力”。[16]

另一种数量众多、广泛流传的甜品以糖和水果为原料。放眼全球，当地产的水果被制成了大量的罐头、水果糊、果冻、果酱和糖渍水果。作为一种奢侈的享受，人们想将夏天才能拥有的丰盛美味储存至冬天，同时提升人们认为水果拥有的药用价值。它们存在于全世界各种主要饮食文化中，由久远的欧亚大陆文化或在欧洲文化的影响下逐渐演化。因文化偏好不同，可以使用水果、花朵或蔬菜。

历史上，保存水果是甜品师工作中重要的一环。欧洲人和北美人的果酱和果冻制作起源于用蜂蜜或熬制葡萄汁保存柑橘。从此发展出了水果和糖膏，最终成为英国人早餐桌上的柑橘果酱。柑橘比较容易储存，做成的果酱有着鲜艳的红色，米歇尔·德·诺查丹玛斯曾形容柑橘果酱“像是东方的红宝石”。这个比喻也适合描述奥尔良木瓜酱，这是法国奥尔良的传统甜品，一般放在小木盒子中，或是塑形成大一些的圆盘状。

以糖浆保存水果的食谱在史书中有很多记载，但装罐和冷冻技术使其必要性逐渐下降。尽管“勺子甜食”在一些东地中海国家一直是重要的招待食物，艺术甜品家更关注水果糊、果冻和糖渍水果的制作。正如宫廷甜品师弗里德里希·昂格尔在19世纪30年代观察到的：

不仅是希腊，对欧洲土耳其和东方各国来说，女主人用果酱或果子露招待客人一直是一项传统。一般

2016年，美国，吉力贝吉利豆正在打折销售。

巴西米纳斯吉拉斯的街边小摊上出售深红色的番石榴糊。在热带环境下，番石榴代替了在葡萄牙传统使用的木瓜。

Franz. Veilchen
100g € 30.-
Franz. Rosenblätter kristallisiert E 120
100g € 30.-
Franz. Mimosen kristallisiert
100g € 15.-
Austral. Ingwer candiert
100g € 4.50
Südafr. getr. Aprikosen
100g € 4.95
candierte Clementinen in Kiwischeiben
100g € 5.95
Sri Lanka
getr. u. naturbel.
100g € 6.95
Chile getr. Erdbeeren naturbel
100g € 7.90
Ananas
100g € 5.95
Delikatess Melone
100g € 5.95
Franz. Veilchen- u. Rosen Honiggelée
100g € 6.95
Costa Rica Ananas naturbel.
100g € 7.95
Südafr. getr. Birnen
100g € 3.50

Thailand
Süßkirschen
100g € 3.95
Türk. getr.
Delikatess Feigen
100g € 2.50
Franz. kristall.
Pfefferminz-Blätter
100g € 30.-
leichtcandierte
Orangenscheiben
100g € 5.95
Calif. getr.
100g € 3.90
Liebrosen
100g € 35.-
Franz.
Lavendel
kristallisiert
100g € 15.-
Iran. getr.
Berberitzen
100g € 6.95
candierte
Arancini
100g € 5.95
Thailand
Kiwi
100g € 3.95
Exoten
100g € 7.50
100g € 6.50

在喝过水、吸过烟、喝过咖啡后用小勺来吃。[17]

这项礼仪沿袭至今，只是或许吸烟这一环节不再那么重要。

最好的蜜饯是整个糖渍水果，通过将煮过的水果在糖浆中轻柔地浸泡而制成。几天后，糖在糖浆中的集中度上升，通过渗透作用将水果细胞中的水析出，逐渐以糖换水。糖渍水果成品可在糖浆中保存，或是从糖浆中拿出后风干（不要与无糖风干水果混淆）。几个世纪以来，这一直是一种奢侈的食物。20 世纪 50 年代，英国著名烹饪作家伊丽莎白 · 大卫说道：

意大利人保存和糖渍水果的技艺无与伦比。整个菠萝、甜瓜、香橼、橙子、无花果、杏子、红色和青色的李子、梨子，甚至是没剥皮的香蕉，都用最具技巧的方式糖渍，制作出了热那亚和米兰店中非凡的陈列商品。[18]

过去，糖渍的食物种类更为广泛，糖制栗子仍然是法国特产；还有浓郁的糖渍白芷绿植，让人想起将糖渍生菜或锦葵秆作为药用甜品，糖渍生姜根也是如此。生姜是印度及中国的本土植物，流传很广。在中世纪，药剂师知晓三种生姜——科隆宾（Colombine）、瓦拉丁（Valadine）和迈金（Maikine），这些名字与地名奎隆和麦加相关，这三种生姜都曾作为糖渍的原材料。

花瓣也可以糖渍，其因香味而受到人们的喜爱。玫瑰、紫罗兰和橙花都可以和糖一起制作，成品有时被称为果仁糖。另外，也可以把它们制成蜜饯，悬浮在温热的糖浆中。琉璃苣、盆栽金盏花因为它们的颜色、气味或药用价值而被制成蜜饯。在法国、西班牙及更远的地方，糖渍玫瑰或紫罗兰仍然是一些艺术甜品家的特长。土耳其的玫瑰糖就是一种混合了糖和玫瑰花瓣的蜜饯。

亚洲的传统中会用到很多植物原料。糖渍西瓜皮、茄子或酸莓果是中东的特产。糖渍葫芦或南瓜是南亚人的最爱。在《孟加拉甜食》(*Bengal Sweets*)一书中，哈达尔夫人(Mrs Haldar)指导大家如何用新鲜的白南瓜制作蜜饯：先把白南瓜切成小块、浸泡在水里，然后用明矾溶液煮制，沥干后清洗，再在糖浆中煮软，加入玫瑰油香露。风干后可以保存很长时间。浸泡在柠檬水或明矾中有助于形成一种超级多汁的口感和玻璃状的透明感，并可以去除苦味。哈达尔夫人说，作为一种令人愉悦的小吃，糖渍白南瓜“很适合给恢复期的病人吃”。米歇尔·德·诺查丹玛斯于4个世纪前在食谱中有类似的说法，“食用这些糖渍南瓜对健康有益……作为一种冷却药剂也很有用……来降低心脏和肝脏的过多热度”。[19]

糖渍水果作为甜品的一种分支，长期以来在中国也很受欢迎。糖渍橙子最早出现在13世纪的历史记载中，17世纪时从中国向在菲律宾的西班牙人出口。19世纪40年代，一个名叫蒙哥马利·马丁的英国访问者

上图：越南的糖渍水果和种子，用来庆祝农历新年。

左图：墨西哥人最爱的格洛丽亚斯（Glorias），是一种由牛奶太妃糖制成的黏性糖果。

指出，“中国糖果几乎包含了一切可以吃的东西，如小米种子、竹笋、生姜等，这些糖果在街头叫卖并出口给所有国家，尤其是印度、美国和南美”。[20]他列举的食物还包括冬瓜、西瓜、橙子、橘子、金橘和梅子。很多糖渍食物现在仍在生产：20 世纪 90 年代，作者本人在中国香港买了糖渍梅子、桂花果、莲藕、甜瓜或葫芦，以及糖渍柠檬或橙子皮。很难想象一些纯正的东方水果甜品，例如榴梿口味的糖果，作为现代东南亚甜品工业的一种产品，会在英语世界流行（榴梿是一种出了名的奇怪水果，有些人会不习惯它的臭味）。

在菲律宾，本土传统、中国影响、4 个世纪的西班牙殖民统治和 50 年的美国政治统治共同左右了糖果业的发展。在这样的影响下，以水果或紫薯为原料的糖膏发展了起来，更大一点的水果以制糖的方式保存在糖浆中。直到最近，柑橘皮通常被雕刻成精美的花样，这种做法在 17 世纪的欧洲也曾非常流行。拉美甜品中，糖渍水果和水果糊也是重要的一类，尤其是在墨西哥。日本人用豆子做糖果，将甜甜的赤小豆糊作为各种甜品的夹心，例如糯米团或糯米豆馅点心，都是独特的日式甜品。

牛奶是很多重要传统糕点的原材料。例如牛奶太妃糖，来自中美和南美。制作这种糖的一种简单方法是在沸水中将一听浓缩甜牛奶熬几个小时，早期时牛奶必须在开口锅中熬制。最终它会变成一种中等棕黄色、半软半硬的样子，自然形成的奶糖、乳糖和加入的其他糖，共同造就了一种焦糖风味。这既被当作一种甜品，也作为其他甜品的原料，例如蛋糕和奶油糖。奶糖有很多名字，墨西哥称之为“*cajeta*”（来自当地传统售卖奶糖的小木盒），秘鲁和智利称之为“*manjar*”（意为美味），巴西称之为“*doce de liete*”，哥伦比亚称之为“*arequipe*”。[21] 长时间的熬制产生了黏黏的质地。

在菲律宾，牛奶糖（*pastillas de leche*）是一种使用少量牛奶制作的糖果。与拉丁美洲的同类产品不同，它们小巧利落，颜色较浅，是包裹着上好食糖的圆柱形糖块。这些糖果不仅因为口味和口感，也因为它们传统的装饰糖纸而出名。

节日餐桌的中心饰品向来都是装着牛奶糖的三层饰盘牛奶糖被包装在不同颜色、设计成花朵、树叶、鸟、蝴蝶等形状的糖纸中……这些蕾丝小尾巴从盘中垂落……张扬着甜蜜与美丽。[22]

这些炼乳甜食的起源，同乳脂软糖一样无从所知。南美和菲律宾都拥有西班牙殖民史，这表明了或许炼乳甜食来自伊比利亚先驱，但在西班牙的文学和文化中没有发现确切的起源记载。

印度次大陆的甜食经常使用牛奶作为主要原料，牛奶来自牛，因此也是神圣的。奶制品酥油在印度教信仰和印度阶层分明的传统社会体系中尤其重要。在

包裹着传统糖纸的菲律宾牛奶糖，用于节日庆典。

印度次大陆上，奶制品的神圣性和制作及加工糖的技艺，在公元前的第一个千年的某段时间得到共同发展，但其发展史是神话、寓言和史实的交织。印度文本有着流动的发展，对甜食和各种糖的专有名字没有统一的定义。

将印度甜食分类很是徒劳无功。印度的地理版图和饮食文化千变万化，甜食和其他食物一起发展，而不是如西方世界中那样被当成日常餐食以外的零食。"有些是从土耳其到中东、从中亚到印度的广泛区域内发现的那些甜食的变体……受到普遍欢迎的甜食包括果仁牛奶糖、印度炸糖球和印度麻花。"[23] 还有一些甜食只是一座城市或很小区域内的特产。

可以确定的是，牛奶和蜂蜜或糖的混合物被用于制作甜食，已有几千年的历史了。一位研究印度烹饪技术的作者亚穆纳·德维称这些混合物为"牛奶之宝"，包括印度酥油（ghee，澄清的黄油），印度浓缩奶糖（*khoa*）和鲜芝士块（*chhena* 或 *chhana*）。印度酥油和浓缩奶糖因其口味和口感在印度全国被广泛运用。牛奶在敞口锅上被持续搅拌，浓缩成原来体积的一半、三分之一、六分之一或八分之一，每一个阶段都有相应的用处。八分之一的浓缩物被用于制作印度浓缩奶糖，这种最浓缩的糊状物有着纯净的、焦糖般的底色，冷却后成形，作为独特的牛奶甜品的原料。[24] 放凉后，压成粉并筛滤后备用。商业制干奶粉有时会作为它的替代品，尤其是在家庭烹饪中。

印度浓缩奶糖在果仁牛奶糖类甜品（*barfi*）中有着重要地位，“*barfi*”这个词源自波斯语词汇“冰”。糖、浓缩奶的味道和口感会让西方人联想起乳脂软糖，但果仁牛奶糖颜色更浅。这类糖有很多种品种，如开心果味、杏仁味、腰果或鹰嘴豆粉味。或许几个世纪以来，对这种甜食最大的改变在于便利性：

果仁牛奶糖制造之初的变化就很小，但 20 世纪有了奶粉后……相比煮牛奶后制粉，现代烹饪可以用泡开的奶粉加入调好味道的糖浆，快速煮至黏稠。[25]

印度浓缩奶糖同样应用在椰子糖（*raskara*）中，这是一种从印度南部和东部起源的椰子口味糖果。异域的黑胡椒和樟脑风味让这种甜食不会太像椰子冰。印度浓缩奶球（*pera*）或奶片（*peda*）是球形或圆片形状的浓缩奶糖，通常带有一种花香味。在加尔各答，它们是供奉卡利女神的重要物品。

到了现代，印度甜品涵盖了多种多样的类型，包括软软的、奶油质地的甜品和冰激凌（*kulfi*）。还有一种甜品的制作方法是油炸后浸入冷糖浆，这和欧洲或北美的糖果制作过程毫不相关。用这个方法制作的最出名的甜品是印度甜汤丸（*gulab jamun*），用浓缩奶和面粉制作；还有印度麻花（*jalebi*），用含鹰嘴豆粉的面糊做成的波浪状甜食。鹰嘴豆饼（*pak*）是印度南部一种有名的甜食，将烤制的鹰嘴豆粉加入黄油和糖浆中，搅拌至起沫，冷却后形成硬脆的质地。印度炸糖球（*laddu*）是印度食物中最重要的甜品之一，用酥油、鹰嘴豆粉和糖制作，因制作者和制作地点的不同或许会有无数细小的变化，但各地大体上都差不太多，和英国的蛋糕的食用场合差不多，是一种多用途零食或庆祝食物。

哈尔瓦酥糖（halva）在印度次大陆也缺少原型——一般是用粗面粉制作，像蓬松的布丁；或是蔬菜哈尔瓦（胡萝卜、冬瓜、红薯或西葫芦），被放在奶油中煮至浓缩成糊，像乳脂软糖。高质量的酥油对制作上等哈尔瓦酥糖十分关键。这种甜食在印度北部和孟加拉非常重要，粗面粉和鹰嘴豆哈尔瓦被称为"*mohanbhog*"，"一种迷人的食物"。制作这种甜食会用到西方甜食不太用的原料。绿豆哈尔瓦，需要将生绿豆浸泡后磨碎，在酥油中翻炒以去除生味，然后加入牛奶、糖和浓缩奶糖，最后加上切碎的杏仁和开心果，"几片深红色的玫瑰花瓣可为这份甜品增色"。[26] 在巴基斯坦，有一种来自卡拉奇的甜食，质地像橡胶，透明，随意撒上坚果，有橙色、绿色、黄色和红色等各种颜色，有点像生动的幻彩荧光漆版本的土耳其软糖。

哈尔瓦或果仁牛奶糖多种多样：硬质的或半硬半软的，五颜六色的片状、楔形、菱形的糖膏，印花圆盘糖或简单的糖球，通常用银叶薄片加以装饰——这些糖果堆在糖果店的橱窗中或摆在街边小摊上。现在这样的商店在有大量印度次大陆移民居住的英国城市也可以找到。成立于1964年的安巴拉食品（Ambala Foods）公司是印度最著名的糖果公司之一。

印度牛奶冻通过凝结并过滤新鲜牛奶制作而成，与孟加拉的做法非常接近，是一种独特的传统甜品。糖果商用酸橙汁、柠檬酸或乳清使热牛奶凝固，滤出固体部分。牛奶凝固的过程被称为“切割”或“撕裂”牛奶。在很长一段时间中，这被认为是一种罪恶。对于这项技术是如何出现的现在仍有争议，一种可能性是在7世纪时受到葡萄牙人的影响。19世纪中期，印度牛奶冻开始成为制作甜食的主要原料。[27]

印度果阿的展示橱窗，包括几种果仁牛奶糖（上排）、腌制南瓜（中左）和带银叶装饰的印度麻花（中间）。

加尔各答卡利加特，一组用于制作桑迪什的陶瓷模具，每个长度为2至3厘米。

印度牛奶冻是制作软软的、用糖浆浸泡的甜食和桑迪什（*sandesh*）的重要原料。桑迪什有时被称作“孟加拉甜食皇后”，有很多品种，“不可能给出一个全面的清单”。[28] 桑迪什的保质期很短，在几个小时到几天之间，但在其他方面——大小、如何食用、形态、名字和味道——它都符合西方糖果的特征。随着制作者在旧式样上进行创新，桑迪什又逐渐流行起来。原料基本一样，不同的是形态。

由牛奶冻和糖以不同的比例混合而成，桑迪什有着微妙的味道和质地。最优质的桑迪什用高比例的印度软牛奶冻混合干糖后用小火烹制，直到它从锅子边上脱落。20 世纪早期常用的调味剂包括柠檬皮、麝香、小豆蔻、开心果、罂粟籽、藏红花、玫瑰和坚果，还有一种在当时的印度甜食中仍属新奇的东西：可可粉。新生产的古尔糖（*gur*，孟加拉冬季产品）口味十分受欢迎：

对专业的糖果制造者来说，古尔糖的上市标志着要开始准备他们最受欢迎的产品——用古尔糖制作的桑迪什。这款桑迪什带有棕粉色调，击中了孟加拉人的心。[29]

由木材或陶瓷制成的玫瑰花形、车轮形、水果形和鱼形的装饰模具用于为桑迪什塑形。名字也是多种多样，有的是对形状的描述，有的源自食用桑迪什时的感受，有的以水果作类比，还有些是表达祝福和愿望。旧时英国统治的影响体现在这样的名字上："天佑吾王"和"勿忘我"。

在糖果的"美好的一切"的词典中，另一个以蛋黄为原料的独特传统，来自伊比利亚文化及受其影响的地区。这些东西出现在不太可能出现的地方，比如泰国，可能是源自葡萄牙传统。蛋黄糖有鲜明的金色、丰富的鸡蛋味道与奇妙独特的质地。它们的制作是一个温和的过程，因为蛋黄中的蛋白质会在约 70°C 时凝

左图：桑迪什是最受欢迎的孟加拉甜食，在传统的圆形陶瓷模具中制作后放在黏土杯中。

下图：泰国“金泪滴”，由打好的蛋黄液滴入沸腾的糖浆中制成。

固。西班牙的蛋黄糖（*yemas*，字面意思为蛋黄）和葡萄牙的卵糖（*ovos moles*，软鸡蛋）都是将蛋黄和糖一起熬至半固体状。西班牙最著名的大概是阿维拉圣徒特蕾莎的蛋黄糖（*yemas de Santa Teresa de Avila*），以圣徒特蕾莎和她所在的城市命名。加入肉桂味的糖浆后温和烹制，让混合物冷却，卷成蛋黄大小的小球，撒上糖粉后放入纸盒。菲律宾也使用这种最普遍的蛋黄糖的做法，现代版本是用炼乳制作。卵糖的制作方法与此类似，但成品更多汁。它们是葡萄牙北部阿威罗镇的特产，用来作为一种特别易碎的、像纸一样质地的华夫饼外壳的夹心，一般做成贝壳的形状。在葡萄牙和巴西，这种蛋奶沙司还被用来制作许多其他蛋糕和油酥糕点（北欧人可能还会想到荷兰的阿德沃卡特利口酒）。

蛋黄和糖浆的组合有其他创新的可能性。蛋线（*fios de ovos*）是将打好的蛋黄液通过一种特殊的容器倒入煮沸的糖浆。这种甜食流行于葡萄牙和巴西，几乎可以肯定的是，葡萄牙人把它带到了其他地方：在日本叫“鸡卵素面”（*keiran somen*），泰国叫“金线”（*foi thong*）。

在热糖浆上烹制蛋黄薄片，这就是葡萄牙的蛋卷糖（*trouxas de ovos*），通常卷成圆柱形，在里面填满蛋黄，浇上更多糖浆。泰国的蛋糖（*thong yip*）可能起源于蛋卷糖。蛋糖是用完全一样的方法制作成小星星或花朵的形状，“金色象征着胜利和财富，甜味预示着甜蜜和幸福”。[30]

这些鸡蛋甜品可能是修道院的产物，随着天主教义传播至早期现代世界。蛋白也被运用在甜食中，包括蛋白杏仁软糖、牛轧糖、蛋白酥饼、杏仁糊和马卡龙。蛋白也可能在葡萄酒发酵的后期被用来给酒过滤。在菲律宾，一种“独特的地方习俗”是将蛋白混在大型建筑的砂浆中，如欧洲殖民者建造的教堂。[31] 作为一种风味，这些甜食的起源仍然是一个谜，但它们灿烂的金黄色长久以来一定格外受到人们的喜爱。

Sweets and Candy

A GLOBAL HISTORY

4

糖的奇思妙想

在令人眼花缭乱的北美和欧洲糖果中，有些似乎格外奇怪：香气浓郁的、嘶嘶冒泡的、酸酸的、口感弹牙的、黑色或暗红色的，或者嚼过后要丢掉的。这类糖果以糖膏、冰冻果子露、甘草、棉花糖、果胶和口香糖为原料，它们独特的历史阐述了它们与药物和饮料之间的关系。虽然形式不同，但这类糖果都使用了黏合剂，包括树胶、果胶、明胶或淀粉来增强口感和形态，完成人们的奇思妙想。

糖膏像杏仁蛋白软糖一样，实际上是一种原料，而不仅仅是一种甜食，既可用作装饰物，也可用来制作小型甜品。糖膏出现于16世纪，可能远远早于甜品师们用糖粉混合浸泡的阿拉伯树胶或黄芪胶，并用香料、玫瑰香精或麝香调味。新鲜的时候，它像黏土；干燥的时候，它变得易碎。用不可食用的糖膏与淀粉或石膏混合制作而成的物件，纯粹是为了装饰用途，用来上色、绘画或镀金。

在中世纪后期的欧洲，糖膏因纯白、发光而受到人们的喜爱，因为这些在早期现代世界是不寻常的属性，那时，瓷器很珍贵，而陶器一般都笨重、结实。和银子、金子、精制玻璃和亚麻一样，糖膏是一种珍贵的装饰材料。在意大利制作“胜利餐桌”（*trionfi di tavola*）时尤为重要，这是为招待和奉承贵族而精雕细琢的雕塑。1574 年，威尼斯有个例子值得一提。在为法国国王亨利三世准备的早午餐餐桌上，“用糖膏制作的教皇、国王、红衣主教、总督、小狗、神明和各种各样的野兽雕像围绕在甜食盛宴的周围……一眼看上去有 300 个镀上了金银的糖像”。[1]

制作胜利餐桌需要技巧，一些糖像由雕塑家兼建筑师雅各布·桑索维诺设计。它们成为越来越精致复杂的娱乐活动的一部分，其中包括会变出喷泉的餐桌和升出地板的边柜，上面放着用糖膏做的盘子、杯子和餐巾，均是为迎合皇室而制作。关于这些宴会的描述广为流传，富有的欧洲人都想在他们的桌子上摆上糖像。[2]16 世纪的图书记录了如何把糖膏做成精致的盘子、碗和饮具的秘诀，比如皮埃蒙特的亚历克西斯的书。还有更小的新鲜玩意儿。用棕色糖膏在模具中压制核桃壳，每个核桃壳中装满了小糖果，还有一张小小的题写着诗句的卷轴纸。从麝香和龙涎香糖膏中制得的小小香口糖，用来清新那些牙齿被糖腐蚀的人的口气。

在接下来 4 个世纪中，胜利餐桌启发了那些点缀着时尚餐桌的装饰糖。18 世纪甜品的特色是在桌子中间放置一个带镜子的高台，上面精心铺设用糖制作的花园。小路是彩色的糖沙，小糖果代替鹅卵石，冰糖闪闪发光，糖膏被做成水果、鲜花、岩石岛屿、建筑和糖像。这些易碎的神像和处于各种人生阶段的人像，影响了欧洲陶器制造商的产品。当他们在 18 世纪掌握了如何制作瓷器时，他们的设计和工艺借鉴了几个世纪以来积累的制糖技术。

餐桌上的建筑性饰品在19世纪早期重获新生，尤其是由欧洲时髦的主厨兼甜品师安托南·卡勒姆（Antonin Carême）制作的那些，进而在大西洋西岸壮大，比如在总统派对一类的活动中。直到第一次世界大战时，这种辉煌的时尚才随着资金和工艺的消退而渐渐淡去。现在人们买现成的糖膏，加入甘油、玉米淀粉或起酥油来制作糖蔬菜，制作过程更加容易。糖霜花饰（*pastillage*）是一种放硬了的糖膏，特色是较高的强度、清晰度和持久性，它仍然受到时尚潮流的影响。在20世纪末，糖霜花饰常被用来装饰庆典蛋糕。它被做成褶边覆盖在蛋糕上，或穿孔、打褶，或压入模具，或依据技巧和想象徒手制作。

糖膏也用于制造药物锭剂的糖衣，作为一种重要而又长期的应用，暗示着甜品师与药剂师的关系。将固定剂量的药物与一定用量的糖膏混合在一起，小心翻滚、分开，令每片都含有精准的剂量。这种专业工

乔瓦尼·巴蒂斯塔·莱纳尔迪画，阿诺德·范·韦斯特豪特临摹，《西布莉和朱诺的糖像》，约1687年，蚀刻画。

这幅画描绘了一个糖花园的布局。这是一种18世纪时髦的餐桌装饰品，用糖膏、砂糖、蜜饯和彩色糖晶体等材料制作。

艺需要不断练习才能取得良好的效果。在 J. W. 佩珀（J. W. Pepper）申请了一项美国专利后，药物锭剂在 19 世纪中期实现了工业化生产。他发明的机器可以混合、滚轧和压制糖膏，只需要一个监工就可以每日生产出大量的锭剂。

压缩技术作为制作风味糖的替代方法得以发展，在高压下做出圆盘和圈状的糖果，完全是工业化糖果商的产物，需要各种黏合剂、润滑剂以及葡萄糖水合物的精密配合。葡萄糖水合物是葡萄糖的一种特定的形态，因为它的晶体形式容易聚合。一些非常有名的糖果是用压缩技术制作的。比如，在 1912 年由俄亥俄州克利夫兰的克拉伦斯·克莱恩（Clarence Crane）研发的救生员薄荷糖，和 1948 年由英国能得利公司研发的马球薄荷糖（Polo mints）。除此之外，还发展出了含有脂肪和甘油的软软的“奶油”膏，作为什锦甘草糖（Liquorice Allsorts）的夹心。

日本的干果子（*higashi*）虽然是不同文化背景下

的一种传统糖果，也可以算作压缩糖果的一种。最好的干果子用到一种叫“和三盆”的特殊的糖，这种糖是用中国甘蔗制作而成的。经过复杂的工艺进行提炼，甘蔗汁熬制后形成粗红糖，用布包裹起来压榨，然后加水揉捏以去除糖蜜。重复 3 次后风干一周时间，最后产生了一种“制作高质量干果子必不可少的极好的糖”。[3] 将糖与米粉混合着色后压入装饰模具。干果子非常漂亮，形状华丽，颜色鲜艳，形状和颜色还会随季节变换。但吃过干果子的西方人大多数会觉得像是在吃甜味的生米粉。干果子主要用于茶道，每位饮茶者在饮用苦味抹茶之前会先吃一颗来增加嘴中的甜味。

回到英国，字母糖菱（conversation lozenges）是一种起源于 19 世纪的时髦糖果，一般印有单词或句子，由糖膏制成。这期间的另一个发明是将小苏打、柠檬酸或酒石酸的粉末混合物和糖一起，制成起泡柠檬水或果子露饮料。糖果商的饮料和冰品的制作技能就来源于此项创新，相比于老式果子露的制作更简便。土耳其、波斯国和其他受阿拉伯文化影响的国家制作老式果子露时，要将稀释后的风味糖浆放凉后再制作清凉的饮品，在欧洲这也曾是一种时尚。在土耳其，糖浆、调味后的糖膏或硬糖片仍被专业的甜品师用来制作“为刚刚生育孩子的母亲补充能量和催乳的热香料果子露”。[4] 大多数的果子露都被瓶装碳酸饮料挤出了货架，讽刺的是，这些冒着泡的柠檬水的发展其实是受到了果子露的启发。

果子露粉是孩子们的廉价甜食。结合了果子露和字母糖菱的压缩糖片成为英国人童年的标志性甜食——爱心糖（Love Hearts）。果子露粉成了柠檬果子露和熬制糖果的补充物，或被包装在一个信封里，用一个熬制棒棒糖蘸着吃，或在纸筒里用一根甘草管吸着吃。北美的果子露发展成了果子露冰，在欧洲大陆上，它变成了雪芭、沙冰。在英国，雪芭是一种优雅的清新饮品，而果子露则会勾起童年的细碎回忆。

甘草糖，是童年的另一种标志性甜食，以原产于

日本干果子，常用于茶道。将米粉与精糖的混合物加入木质模具压制而成。

2012年，伊斯坦布尔的一家甜品店展示了一种肉桂味的糖菱，上面撒着糖渍松子。

地中海和亚洲部分地区的甘草根的提取物为原料。甘草非常甜，曾经是每个药箱中的必需品。甘草对咳嗽和感冒有疗效，人们将提取物浓缩成一个闪亮的焦油状固体“汁块”后食用。在西欧国家、美洲和澳洲，用甘草制成的甜食历经了岁月的变迁。不同地区的甘草颜色不同，呈现出深黑色、半透明的棕色或暗红色，常加入其他香料掩盖部分土腥味，大茴香是最常用到的。一些国家会加入咸味，不习惯的人会觉得是一种非常奇怪的味道。流行于北欧国家的甘草糖被称作“*salmiak*”，由氯化铵演变而来，正是这种物质让甘草糖有了独特的味道。荷兰人也是这种甘草糖的热情消费者：

荷兰……是甘草之国。这里的甘草糖真是种类繁多，形状各异，大小不一，硬度不同，有甜度和咸味，还会加入额外的成分，比如受到人们喜爱的月桂叶和蜂蜜，只要不抢了甘草味的风头。什锦甘草糖在荷兰被称作英国甘草糖，不受当地人喜爱。[5]

甘草糖不同的硬度、耐嚼程度或弹性来自把糖和甘草提取物调和起来的不同原料。小麦面粉使英国甘草糖富有弹性，树胶可以使甘草糖形成奇妙的形状。相比起糖果常见的颜色，甘草的哥特式黑色适合用来制作有压印图案的纽扣或硬币，用于如庞特法蛋糕（一种传统的英国蛋糕）、阴险的黑猫、快乐的农场或马戏团动物以及普通糖菱或蛇形螺旋的制作。

甘草的药用价值可以反映在很多小小的甘草甜食中：放在小黄罐里的法国品牌拉琼尼口香糖（最初是口气清新剂）、意大利赞牌（现为哈瑞宝旗下品牌）和阿马雷利（起源于 1731 年）、英国的味道浓烈的渔夫之宝和小鬼糖。主要的英国甘草糖品牌是贝赛斯（Bassett's），它的什锦甘草糖肯定受到了现代主义艺术的影响：黑色的印花甘草夹着白色或鲜艳颜色的软糖膏，还有短圆柱形的纯黑色甘草和覆盖着蓝色或粉色糖珠的茴香味口香糖片。

棉花糖与甘草正好相反：淡淡的白色、软软的、甜美而轻盈。这其实掩饰了它的起源——用蜀葵汁做成苦味厚重的糊状物，用来缓解咳嗽和喉咙痛。苹果果冻后来替换了蜀葵；再后来，蛋白的加入令它变得轻盈。在俄罗斯，一种类似的糖果如今仍被称为果糕。传统的法国棉花糖更接近现代的棉花糖，现在通常用明胶发泡，质地微硬。

用明胶发泡的棉花糖轻如空气。20 世纪初，一位英国甜品师说："棉花糖是美国人的宠儿。"[6] 一种用蒸汽加热的、带搅拌器的特制棉花糖机，可以用来发泡混合物，减轻了制作者的负担，用淀粉模塑可以制作棉花糖香蕉和各种棉花糖小玩意儿。1954 年，挤塑工艺使原料混合物在通过斜槽的同时被切割成合适的大小，推动了棉花糖制作的工业化进程。这项技术的发明者是美国道梅克斯公司的创始人亚历克斯·道梅克斯（Alex Doumakes）。棉花糖变成了棉花糖饼干、月亮派和英国的“茶点”（撒棉花糖的巧克力糖衣饼干）的配料；它还被用于制作家庭自制的巧克力蛋糕，还有标志性的露营食物烤棉花糖饼干，以及三明治中的棉花糖软糖。

发泡混合原料经过现代糖果生产线，可以被塑造成任何想象中的形状：兔子、鲜花、虾、毒蘑菇、门牙、草莓、纠缠的电线、鼠标。在美国，皮皮棉花糖（Peeps）已经成为某种迷信的热爱——它们因色彩鲜艳、形状华丽而显得过于轻浮。

水果果冻和树胶来源于人们储存水果的传统。其中胶凝剂至关重要。优雅的法国糖果店仍然展示着昂贵而奢华的宝石色水果——黄色、橙色、红色和暗紫色，但是自 19 世纪以来，以水果为主要原料的甜品也超越了工艺上的限制。英国人对果胶软糖的热爱在 1830 年已经十分明显，对于这种以“中国枣”命名（实际上是沙棘科植物的果实）的糖果，来自伦敦著名甜品师家族的威廉·冈特（William Gunter）描述道，这些带着香味的加入树胶的糖果是“一种甜味的橡胶”。进入20世纪后，胶糖的质量多种多样。20世纪50年代，作家康普顿·麦肯齐回忆道，1便士可以买1盎司、2盎司或4盎司胶糖，但是“我们要在非常缺零花钱的时候才会买最便宜的那种胶糖”；然而，质量最好的胶糖“是你今天在任何地方都买不到的——柠檬味、酸橙味、橘子味、梨味、苹果味、草莓味、覆盆子味、杏子味”。[7]

制造商对胶糖的感情也十分复杂。19世纪90年代，一个制造商认为生产胶糖是“乏味而令人厌倦的过程……对小公司来说不是一项能赚钱的事业”。[8]另一个制造商说，20世纪50年代的美国充满了大量的廉价胶糖。这些胶糖的生产从不正规，而是用玉米糖浆、食用淀粉和人造香精粗制滥造的。最优质的胶糖是用阿拉伯树胶制成的，“只要顾客买过，一定会成为回头客”。[9]它们在美国的夏天非常畅销。

在英国，最著名的（也是被宣传最多的）是水果胶糖（Fruit Gums，已停产）——坚硬、半透明、有光泽。还有水果软糖（Fruit Pastilles），是一种表面有沙沙的糖粒的水果软糖圆片。二者都是能得利公司的产品，在 19 世纪后期由法国甜品师克劳德·加吉研发。

来到 20 世纪，胶糖和水果的关系变得不那么直接了。在英国，它们进化出不同形状，像是 19 世纪甜点桌上那些精致的胶质果冻的微缩模型，或者是“酒糖”——印有酒名、帮助戒酒的糖果。德国人的童年有小熊软糖（Gummi bears）相伴，这种糖果由哈瑞宝（Hairbo）公司于 20 世纪 30 年代发明，直到 20 世纪 80 年代才开始在美国生产。这些跳舞的小熊在欧洲取得了巨大成功。不过英国的孩子们一般是吃果冻宝宝（jelly babies），一种有着不同颜色和水果口味的拟人形象的胶糖。

胶糖，或橡皮糖（北美叫法），如今的质地各不相同，有的柔软，有的坚韧。胶质糖果依据人们各年龄段着迷的东西而变化，有适合小孩子的软软的宝石

1952年，能得利公司水果胶糖的广告，这是20世纪中期英国的经典形象。

色的糖块，加拿大枣形软糖（参考过去糖果柜台售卖的果胶软糖），还有恐怖屋蛇形、老鼠形和蜘蛛形的胶糖。维生素胶糖是为不喜欢吃维生素片的孩子设计的。生产商设计不同的食谱来迎合不同消费者的口味。东南亚公司生产燕窝味的胶糖。3D 打印技术作为塑造胶质糖果形状的一种新方法，是在创造新奇事物的漫长道路上迈出的又一步。[10]

土耳其软糖是一种更为传统的凝胶糖果。一般是原味或镶嵌坚果，用鲜花或柑橘油调味，加入凝结奶油制成白色或撒上椰子碎，在土耳其被称为“快乐糖”（*loukum*）。这个词源于短语“舒缓喉咙”，暗示它拥有舒缓功效，但这可能只是一个营销手段，而不是实际的作用。快乐糖令 18 世纪和 19 世纪造访伊斯坦布尔的人们感到困惑：有人认为它散发着香味，很好吃，但也有人一点也不想品尝它。这是因为它独特的质地。这种糖果最重要的成分是小麦淀粉，这是中东传统饮食中不可或缺的原料。虽然欧洲甜品师发现了这一点，但是他们认为制作这种糖果难度很高。1901 年，法国艺术家、作家普雷塔萨特·莱康特（Pretaxat Lecomte）写道："……必须非常熟练地处理，要非常细致，这就是成功的全部秘诀，不能认为这只是个小问题。"[11] 需要在温火上不停地向同一个方向搅拌两个小时，这是将淀粉、水和糖转化为快乐糖的关键。开心果、凝结奶油、麝香或玫瑰香料作为配料被加入其中，然后倒入木制模具冷却定形。

欧洲甜品师觉得这种搅拌过程太难了。在英国，他们退而求其次，决定用鱼胶或明胶来制作，结果把土耳其快乐糖变成了令人作呕的半透明糊状物。《纳尼亚传奇：狮子、女巫和魔衣柜》（*The Lion, the Witch and the Wardrobe*）中，当爱德蒙吃了太多"快乐糖"的时候，他发现了这一点。还有些被制成玫瑰味、柠檬味或奶油味，装在满是糖粉的圆形木箱里，或者作为一种流行的巧克力棒馅料，这与土耳其甜品师的产品几乎没有相似之处。奇怪的是，20 世纪初，亚美尼亚人哈吉·贝定居爱尔兰科克郡时，地道的土耳其快乐糖成了那里的特产。

一个非常重要的全球甜品产业分支直到 19 世纪 70 年代才出现。口香糖是由“人们咀嚼但不会吞下的黏性物质组成的”。[12] 口香糖完全起源于美国，但已经传播至全球各个角落。人们的反响强烈。口香糖受到许多人的喜爱，成了贫穷国家孩子们之间的一种交换货币。但也有很多人讨厌口香糖，新加坡禁止食用医疗用途外的口香糖。

在沉思时咀嚼似乎是人类的一种习惯。人们尝试过桦树皮油、乳香脂（来自黄连木）和松树树脂。公元第一个千年接近尾声时，尤卡坦半岛的玛雅人在嚼人心果树树胶。人们还会咀嚼蜡。白山石蜡被 19 世纪消费者当作一种家用产品购买（美国仍然在制造各种新奇造型的填充了糖浆的蜡糖）。

变革在 19 世纪 60 年代发生了。安东尼奥·洛佩斯·德·圣安纳（墨西哥前总统和阿拉莫之战的胜利者）从墨西哥给他住在曼哈顿的朋友托马斯·亚当斯（Thomas Adams）送去了1吨制糖树胶。这个举动是为了找到口香糖的工业化生产方法。1871年，亚当斯和他的儿子在观察人们咀嚼白山石蜡后受到启发，申请了专利并造出产品，将原味树胶独立包装，命名为“亚当斯纽约1号口香糖”（Adams New York No.1 Chewing Gum）。1879年，由威廉·怀特（William White）发明的薄荷味口香糖出现。1898年，小威廉·瑞格利（William Wrigley Jr）在芝加哥开办了一家工厂，他非常擅长产品推广，生产出标志性的品牌黄箭口香糖（Juicy Fruit，1893）和绿箭口香糖（Doublemint，1914）。口香糖的时代正式开启，口香糖在全球化的进程中和北美文化一起传播到世界各地。

口香糖深受消费者欢迎，却令全世界的清洁工和市政管理者感到绝望。口香糖一直是承载美国文化魅力的一种典型商品，同时在世界各地发展出了具有细微差别的当地口味和包装——草莓味、柠檬味、茉

2015年环法自行车赛期间，哈瑞宝公司的广告大篷车经过法国基耶维。

在土耳其萨夫兰博卢，糖果商将土耳其快乐糖切成小块出售。

莉味和山竹味。有时口香糖的受众可以跨越国界，例如，“来自危地马拉的罗马牌豆蔻味口香糖在整个阿拉伯语世界都广受欢迎”。[13] 人们普遍认为嚼口香糖有助于放松。作为一种糖果最难能可贵的是，口香糖已经有了声称有益于牙齿健康的新品种。无糖口香糖“Dentyne”是其中最著名的品牌。

泡泡糖，或“大泡糖”（blibber-blubber），最早研发于 1906 年。[14] 然而，它如今的样子则成形于 1928 年，当时弗兰克·H. 弗利尔公司的一名年轻员工沃尔特·迪默（Walter Deimer）研发了一种在吹破泡泡时不会沾到皮肤上的泡泡糖，他顺手将手头的红色色素加进去，从那以后，粉色就成了泡泡糖的“传统”颜色。泡泡糖最终实现了大多数甜品都有的属性——“可以玩的食物”，给世界各地的孩子们带来了快乐。

Sweets and Candy

A GLOBAL HISTORY

5

生产者与消费者

1597 年，英国草药学家约翰·杰拉尔德（John Gerard）说，用甘蔗汁可以产出一种“最令人愉悦和最赚钱的甜食，叫作糖。用糖可以做出无穷多的甜品”。但他不会进行详细说明，因为他的书不是“一家糖果店，一个烤面包炉，一位淑女的果酱锅，也不是一家药剂师的商铺或者配药处”。[1] 这种略带轻蔑的说法很能说明问题，列举了与制作甜品相关的人与物，回顾了过去，也展望了未来。

甜品的过去属于药剂师，他们在中世纪的亚洲和欧洲为富有的买家制糖。通过加入行会和掌握工艺的秘密，药剂师是从事贸易的人。在奥斯曼土耳其，行会尤其有权势，限制了个人的经营活动，但为极其擅长制作某些甜品的工匠提供了经济支持。19 世纪之后，药用甜品制造业逐渐被医药行业代替，但人们仍然能从咳嗽糖、清新口气的口香糖和嘀嗒糖中找到一些踪迹。

“淑女的果酱锅”是一条女性参与甜品业的微妙线索。杰拉尔德指的是一度流行于英国贵妇中的制糖潮流，尤其在他写作的那段时期非常流行。许多17世纪的英国烹饪书中都有甜食专栏。在北美，玛莎·华盛顿（Martha Washington）的《甜食书》（*Booke of Sweetmeats*）反映了这一传统。

较贫穷的女性则通过贩卖甜食赚钱。作家、企业家伊丽莎白·拉斐尔德是18世纪英国的一个例子，她经营自己的商店和餐饮生意。那时，来自英国的贵格会女教徒为费城的晚餐餐桌售卖甜食。19世纪，美食图书作家伊莉莎·莱斯利将甜食食谱写进书中。在天主教国家，修道院通过出售如马托拉尼亚果实或托莱多杏仁蛋白糖之类的甜食来创收。

20世纪初，制作甜食再次成为女性的消遣。梅·怀特写道，这是“相当困难的工作，但是……可以舒缓紧张的神经和悲伤的情绪”。[2] 自制糖果在当时的美国也是一种时尚。

大规模的糖果制作是一项繁重的工作，女性一般无法创建工业化生产的企业。玛丽·安·克雷文是一个例外，1865 年，她在英国创立了自己的公司，作为一个品牌生存到了 20 世纪 90 年代。北美的范妮·法默、范妮·梅、劳拉·西科德和西伊公司“是由男性创立但使用母亲自制糖果的形象……来销售工业化生产的糖果”。[3]

糖果的未来取决于“甜品制造专业技能”。甜品师是拥有各种技能的人，在“办公室”——大家庭的专业厨房中处于最高等级。他们制作丰盛的甜点，安排组织一切——桌布、糖雕、艺术展示。比他们低一级的是经营商店或小生意的商人。正如罗伯特·坎贝尔在 1747 年所说的：“虽然我从来不认为他是社会中最有用的成员之一，但是成为一名甜品师需要不少的知识。”[4]

何塞法·德·奥比多斯，《甜食静物画》，约1676年，布面油画。这位艺术家画了几幅甜食静物画（也许是修道院的糖果），画中的甜食都以珠串、丝带和剪纸精心装饰。

法国宫廷甜品师很有影响力，撰写了重要的书籍，如弗朗索瓦·马西亚洛和梅农。约瑟夫·吉利耶的《法国糕点师》描述了令人印象深刻的洛可可风格的甜点设计，展示了甜品师职责的一个重要方面。尼古拉斯·斯托勒也为皇室工作，他在巴黎的公司仍然存在，反映了甜品师在甜品店和外包饮食服务方面的工作。在伦敦，詹姆斯·冈特以他的名字命名了一家18世纪的企业，这家企业一直经营至20世纪50年代。

德裔移民甜品师推动了北美甜品制作技艺的发展，许多意大利人曾在维也纳做甜品生意。在伦敦，来自帕尔马地区的威廉·贾瑞在他的《意大利甜品师》（*The Italian Confectioner*，1820）一书中，详细地介绍了他掌握的工艺，留下了关于如今已经绝迹的糖雕技术的无与伦比的记录。与他同时代的安托南·卡勒姆还留下了一本阐述糖雕奇思妙想的书籍，但实操细节较少。

对任何一个有几磅糖和一个烧锅的人来说，制糖

罗伯特·弗雷德里克·布鲁姆，《日本街头甜品小贩》，约1893年，布面油画。布鲁姆画过许多日本街景。这一幅展示了一位传统制糖人正吹着温热的糖浆制作糖饰品，吸引了年轻女子和儿童。

工艺也意味着商机。比如意大利版画中的街头甜品师法兰基罗，19 世纪 90 年代美国艺术家罗伯特·布鲁姆的画作中描绘的日本街头甜品小贩，还有亨利·梅休在 19 世纪 90 年代采访的伦敦街头小贩，他们的工作室又小又暗，通常在地下。在一些国家，甜品制作仍然是街头生活中不可或缺的一部分。例如，在印度的街头，甜食小贩在路人面前表演甜品制作，甜品的卖相和香气都在为自己打广告。

20 世纪甜品的未来在于大规模生产。在西欧和北美，糖价下降和机械化程度提高都是大势所趋。传统的风味和颜色被工业化生产出的产品所取代。1851 年的万国工业博览会影响重大。

通过企业家的努力，巧克力成为糖果产品的竞争对手。有些企业一直都是甜品制造商，如约瑟夫·特里（Joseph Terry，于 1828 年收购了一家甜品公司）、斯布隆里（Sprüngli，1845 年成立于瑞士）和惠特曼（Whitman's，1842 年成立于美国）。威尔伯 & 克罗夫特（Wilbur & Croft，美国）公司的克罗夫特在 1865 年两人合伙成立公司时已经是甜品师。米尔顿·赫尔希在 19 世纪 80 年代成立了兰卡斯特奶糖公司（Lancaster Caramel Company），一举成功，1894 年把公司卖掉后专心做巧克力。弗兰克·玛氏创立的公司于 1920 年成为玛氏公司。

英国吉百利（Cadbury's）公司成立于 1824 年，能得利公司成立于 1862 年，两家公司都销售茶、咖啡和巧克力。一直从事巧克力加工的 J. S. 弗莱父子公司（J. S. Fry&Sons）成立于 1822 年。菲利普·苏查德受训成为一名甜品师，但主要还是对巧克力感兴趣，他在 1826 年创建了自己的巧克力公司。瑞士的巧克力商鲁道夫·莲（Rodolphe Lindt）于 1879 年创立了他的公司，亨利·雀巢（Henri Nestlé）于 1867 年开始经营牛奶加工厂。

巧克力制造商用鲜亮的包装和广告为他们的深色产品增加吸引力，用品牌来提供质量保证。糖果和巧克力在“巧克力棒”这种产品中相遇，例如玛氏巧克力棒和奇巧巧克力，这些巧克力棒按条数售卖，而不是重量。北美的叫法“块状糖”（candy bar）暗示着夹心，英国的叫法“巧克力棒”（chocolate bar）则是指巧克力外皮，叫法的不同可能更真实地反映了糖和巧克力的相对比例。一些公司发挥聪明才智开发了以糖为主的产品线，如能得利公司的水果软糖。

糖类甜品业的进入成本较低，小公司也可以维持经营。奇思妙想和时尚潮流变得越来越重要，给用旧技术制作的甜品带来了新的变化。对于麦芽糖这样的非商标产品，产品推广变得不太容易。20 世纪的糖类甜品史是一部行业不断集中化的历史，因为大公司（通常以巧克力产品为主）收购了小公司或相互兼并。英国的特罗伯（Trebor）已经与甘草糖公司贝赛斯合并，帕斯科斯（Pascalls）、梅纳德斯（Maynards）和克雷文–基勒（Craven-Keiller）都被吉百利公司兼并了。在美国，叶牌（Leaf Brand，成立于 20 世纪 20 年代）

19世纪90年代，能得利英国约克工厂煮锅，可能装有糖浆或水果糊。

成了一家拥有各种品牌的公司，旗下有乔利兰·凯尔（Jolly Rancher，成立于 1949 年）。20 世纪 90 年代，好时公司收购了叶牌旗下的美国品牌。令托马斯·亚当斯、威廉·瑞格利和许多其他人获得商业成功的口香糖，成了兼并收购的目标。哈瑞宝由老汉斯·里格尔创建于 1922 年，至今仍然是独立的公司，证明了软糖是德国人的最爱。

糖类甜品业仍然是一个分散的行业，产品众多，最大的供应商——卡夫、吉百利和好时在千禧年前后仅占 23% 的市场份额。[5] 有一家公司直到 2012 年才被人们所知，但到了 2013 年就成为行业榜单上的第二名（仅次于玛氏），它就是跨国公司亿滋国际（Mondelēz International），以前是卡夫食品旗下一员，但后来吞并了泰瑞（Terry）、祖哈德（Suchard）、吉百利和芝兰（Chiclets）。[6]

糖果比巧克力有优势，因为它既是一种成熟的产品，又有好看的外观。从中世纪哈里发拥有的糖像

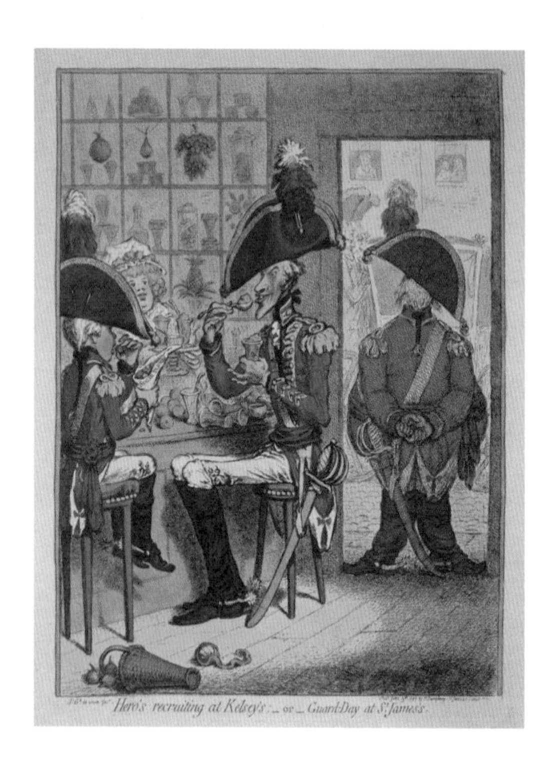

詹姆斯·吉尔雷，《在凯尔西糖果店招募英雄》，1797年，手绘蚀刻画。这幅讽刺画作描绘了一个瘦瘦的老年军官和他手下的年轻人，在时髦的伦敦糖果店凯尔西吃着蜜饯和冰激凌。还有一个士兵在站岗，可能是放风的。

到糖果店货架上五颜六色的罐子，展示一直都是糖果诱惑的一部分。16 世纪和 17 世纪，如何展示甜食的证据可以在许多静物画家的作品中看到。胡安·范德尔·哈姆·莱昂描绘了西班牙甜品，包括牛轧糖和小小的扭曲白色糖环，可能是拉制糖。何塞法·德·奥比多斯也留下了详细的图画，描绘的可能是葡萄牙修道院的甜食：有红色和白色的蜜饯、精心制作的糖膏、姜饼和用精致的系着缎带的叉子和带着流苏的包装纸增色的饼干类甜食。路易斯·梅伦德斯在他的画中展示了实用的木箱（这种木箱目前仍被用来装水果酱），暗示着所有者的财富。这些木箱演变成装着方旦糖和巧克力的精致纸板礼品盒，以及有着好看装饰的太妃糖罐子。在发达国家，装饰糖和水果酱的金叶已被铝箔包装纸取代，但印度至今仍在使用可食用的银叶。

在 17 世纪后期，尼古拉斯·德·阿尔梅辛用画作《甜品》描绘了甜品被放在圆形盒子中，盒子上标记着地区特产、塔糖和水果的名字。她用一个三角形的分层架子支撑着装有蜜饯的碗——甜品金字塔在当时很流行。她身边是店铺柜台和放着更多盒子的架子。

18 世纪最好的甜品店都配有镜子和镀金装饰，甜品被陈列在透明的玻璃罐中，捕捉从窗口射进来的光线，用新鲜水果作为点缀，如橙子和菠萝。18 世纪后期和 19 世纪早期的版画描绘了甜品店、员工（通常是有魅力的年轻女子）、顾客和库存商品。从此演化出那些弓形的橱窗里摆满糖果的“老式的甜品店”的概念，随后这一概念通过广告绘声绘色地传播开来，尽管许多甜品只能在街边小摊和小贩那里买到。

直到 19 世纪初，大部分在售的甜品可能都是在店铺里制作的，但甜品制造迅速工业化了，零售业凭借自身力量的发展成为越发重要的行业。甜食和糖果变成了与其他杂货一起售卖的小吃，比如香烟和报纸，形成了叫作“CTNS”（confectioner-tobacconist-newsagents）的专卖甜食、香烟和报纸的小店。小型综合商店、杂货铺和如沃尔沃斯一类的连锁零售店都在售卖甜品，而在专门的甜品店售卖甜品变得越来越罕见。那些可以保护并展示糖渍水果或熬制硬糖的易碎玻璃容器，越来越多地被透明纤维或塑料容器所代替。20 世纪下半叶的产业变革为零售业提供了在过去做梦也不敢想的机遇——超市和电商，这给大量的糖果产品提供了销售渠道。

谁会购买和消费这些甜食呢？尽管最初是富裕阶层昂贵而珍稀的专属消费领域，随着原材料价格的下降，甜食消费变成了一笔令人愉快的小开销。从 19 世纪开始，女性和儿童就已经成了忠诚的甜品消费者。1815 年，伦敦的外食指南中提到法兰斯经营的店铺时这样说道：

在果神星和谷神星日日美丽和时尚的神庙中……你随时可以看到许多小丘比特和小普赛克在上午尽情地享用陆地上的琼浆和仙馔。更简单地说，女士们通

佚名,《今日的味道》,约1802年,手工蚀刻画。这幅讽刺版画展示了一家糖果店的内部环境和穿着时尚的顾客。

常会在这里用无与伦比的糖果宴招待她们年轻的朋友和亲戚。[7]

影像和图画显示了那些被糖果店橱窗中的奇幻陈列吸引住的人们，包括年轻人和穷人。甜品会吸引天真的人们。

在西方文化中，糖果对儿童的吸引力一直是不言而喻的。1608 年，模制杏仁蛋白糖据说是“取悦孩子的绝佳食物”。[8]各地的甜品师和小商店肯定会准备几款用来出售给年轻人的廉价甜品。在 19 世纪早期的英格兰，哪个小男孩能拒绝威灵顿糖柱或直布罗陀冰砂糖的诱惑呢？ 19 世纪后期，广告描绘了孩子们购买甜食的画面，还有例如罗尔德·达尔（Roald Dahl）的自传文学，提到了去买糖是他最爱的童年享乐活动。

儿童，尤其是下层阶级的儿童，是廉价甜食和糖果的重要顾客，这些便宜的零食为 19 世纪后期穷困潦倒的城市居民提供了避风港和片刻慰藉，“不仅是无限

乔治·阿奇尔·福尔德，《卖麦芽糖的男孩》，1891年。这幅画描绘了一个在街上卖麦芽糖的孩子的动人形象。他非常干净，穿着得体，而现代照片表现的类似生活状况实则更加艰难。

的幻想世界，还是美味的食物”。[9] 从那时开始，甜品工业就建立在孩子们不断变化的偏好上，创新就是一切。总是反现实主义的糖果变得越来越充满奇思妙想。20 世纪早期，那些北美的糖果名称可以体现这一点：怪兽管、扭扭鹰、电灯线、斯芬克斯、大热天。[10] 英国的甜品工业也充斥着五花八门的品类，一位作家想“编辑一份权威的按字母顺序排列的清单，列出英国出现过的所有甜食、冰棒、巧克力棒和泡泡糖”，后来发现这是一项不可能完成的任务。[11]

对于孩子们来说，糖果教他们学习金钱与权力关系。在英国、美国、澳大利亚的糖果店或糖果柜台，孩子们学习“价值、储蓄、上瘾、分享和信用”。[12]19 世纪后期的纸媒在糖果广告中展示了权力的概念。“快看他们看到她买福莱斯时的眼神”是广告金句，教会年轻的消费者什么是嫉妒。面对各种选择，拖延考虑的时间教会人们如何成为好的消费者。1944 年，《周六早报》由斯特凡·多哈诺斯绘制的封面上，一个小男孩正在考虑买一块糖果，而店主目光呆滞，神情厌倦，这幅画从视觉上生动地表明了这一点。几十年来的印刷品和包装都延续了这一点，并发展到电影和电视中。角色营销、电影和电视广告以及结合玩具的互动型糖果已经被视为这个行业持续吸引 21 世纪的年轻消费者的手段。

对女性来说，甜品商提供了社会认可的约见朋友并享用甜食的公共空间，比如 19 世纪维也纳的甜品店。在北美，一些糖果广告特别针对成年女性设计，尤其是那些价格更贵的以及含有巧克力和方旦糖的豪华糖果。这些糖果被统称为“bonbons”，其成分和名称都暗示着法国品质，其广告则暗示着性感奢靡的享受。在当时的北美，装饰和不那么重要的甜食之间的联系，以及甜味的抽象概念与女性气质之间的联系非常明显。“甜食和糖果是女性专享的”，这种观念现在依然存在，但现在代表这种关联的甜品更多的是巧克力。在 20 世纪的大部分时间里，巧克力被大肆宣传为礼物，特别是由男人送给女人，现在仍然如此。

由于甜食和糖果以及其他形式的甜味食物之间没有明显的区别，在西欧和北美以外的地方想要对它们进行概括就没那么容易。但是在一种主要的甜食文化——印度文化中，情况有所不同。在那里，甜食和糖果有着特殊的地位，因为它们通常含有酥油。这种食材对印度高种姓人群来说，充当着食物净化器的角色。因此，这使得印度的甜食可以被所有人食用，甚至是最高种姓的成员。[13] 这意味着，甜食对于所有旅行者来说都是可以接受的食物，甜食可以成为高种姓和低种姓人群之间的礼物。不寻常的是，在印度，甜食与男子气概有关，尤其在孟加拉文化中，甜食被当作礼物在两个特殊的日子里送给男性，即成人礼（*Bhaiphonta*，由女孩子送给她们的兄弟）和结婚日（*Jamai Sasthi*，由岳父送给女婿）。甜食也是供奉给神灵的食物，而象头神甘尼许经常被描绘成手里拿着印度炸糖球的形象。

与工业生产者息息相关的统计数据显示，在 21 世纪初期，全球甜品市场总值为 887 亿美元。其中，巧克力占 54%，糖占 34%，剩下的 12% 是口香糖。就交易量来说，比例有些颠倒。在刚过 1400 万公吨的总交易量中，糖果占 52%，巧克力占 40%，口香糖占 8%。[14] 巧克力相对来说比较贵，所以更便宜的糖在发展中国家更受欢迎，另外，糖果在炎热的天气中也能更好地保存。

就消费而言，从交易量和价值来看，北美是糖果工业最大的市场。北美每年人均消费 6.6 公斤糖果（仅有一些北欧国家消费超过这一数字），英国每年人均消费为 5 公斤。以上这些国家同样也有很高的巧克力人均消费。西欧是一个重要的市场，按交易价值计仅次于北美，交易量排第三。远东的居民，尤其是收入快速增长的中国人，购买糖果的量更大，但比西欧人花的钱少。[15] 对日本市场来说，口香糖非常重要。

糖以多种不同的形式被添加到各种各样的食物中。糖被大量加入饮料及人造食品中，创造甜甜的、可口的味道。不仅使用普通的蔗糖，还有各种各样的糖：葡萄糖、右旋糖、高果糖玉米糖浆、蜂蜜、麦芽糖和许多其他种类。

虽然糖果只在所有饮食的糖摄入中占了很小一部分，但是因为含糖而被定义为甜食，因此在糖与健康的广泛讨论中占据了突出的位置。近 50 年来，这已经成为影响人们对糖果态度的一个重要因素。在此之前，早在 16 世纪，就有人对糖对牙齿健康的影响表示过怀疑，当时来到英国的一名游客注意到英国人的牙齿不好，认为是“因为他们吃了太多糖”。[16]19 世纪，糖果是能够引起道德恐慌的话题，特别是廉价的糖果。在那时，英国与甜食有关的公共健康丑闻推动了消费者保护法的实行。

自 20 世纪 70 年代以来，高糖消耗量一般都会引发对健康不利的辩论。营养学教授尤德金（Yudkin）在《甜蜜的，致命的》（*Pure, White and Deadly*）一书中研究了糖的摄入与龋齿、糖尿病和冠心病之间的联系。

卡米尔·布泰,《我们将知道如何牺牲》,1918 年,彩色石版画。这幅图像制作于第一次世界大战结束时,当时许多国家短缺食糖。

最近，内分泌学家罗伯特·卢斯蒂格（Robert Lustig）在《希望渺茫》（*Fat Chance*）中关注吃糖对北美肥胖率的影响。他总结道，所有添加糖都不利于健康，而高果糖玉米糖浆因其在体内代谢的方式，是最糟糕的。“我们的身体还没有适应当前糖过量的环境，糖在杀死我们。”[17]

2015 年的世界卫生组织指南探讨了糖与牙病和肥胖的关系。他们强烈地建议总糖摄入量——来自所有食物，不仅来自甜品——应保持在每日能量摄入的 10% 以下。[18] 对一个久坐的成年人来说，相当于每天 200—250 卡路里，即 50—60 克糖。

不管是罐装软饮中的高果糖玉米糖浆，或是质量最好的蔗糖，还是最好看的手工糖果，都被消费过度了。甜食轻佻奢侈的过去，以及与健康、财富和幸福之间的神奇联系，是造成过度消费的原因，但在某种意义上，它们至少真诚、毫不掩饰地展示着它们的甜蜜。

6

糖果与庆典

长期以来，甜食和糖果一直是特殊日子的标志，是好运和慷慨的象征。样式丰富、五彩斑斓和闪闪发光的样子增加了它们的吸引力，尤其可以帮助孩子们记住重要的一天或节令。

节日大致可以分为人们生命周期的记录或日历事件。全世界的生日和结婚日都用甜味食物庆祝，有时它似乎也与死亡有关。日历事件可以是宗教的或世俗的。在穆斯林斋月期间，只有在天黑的时候才允许进食，甜食因能快速补充能量而受到欢迎。在斋戒结束时，开斋节意味着庆祝与丰盛，充满了各种糖果。在基督教国家，复活节保留了对甜味的庆祝；为大斋节斋戒的习俗可能已经消失了，但是狂欢节仍然存在。有着基督教及异教根源的圣诞节，是另一个甜蜜的时刻。各种文化都用甜食来庆祝新年，期待着好事随之到来。

J. 罗宾，《圣尼古拉斯节》，18世纪，印刷品。在圣尼古拉斯节，一群荷兰孩子拿着传统礼物，有洋娃娃、姜饼和做成字母形状的甜食，包括杏仁蛋白软糖和糖膏。

用糖果炫耀和展示慷慨的观念深入人心。在早期现代欧洲，用甜食或糖片制作的食物有时会被分成小块，分给参与者或围观者。有时会因为扔出去的甜食而引发争抢大战，如1667年约翰·伊夫林在伦敦的一个宴会上亲眼所见的。[1]还有较为文雅的例子。据17世纪的法国甜品师马西萨罗描述，在兄弟会上，一个带有装饰的篮子会被分发给每位客人。婚礼伴手礼和儿童派对礼包已早有先例。

> 通常用小丝带和塔夫绸装饰……装满了各种各样的甜食：小甜饼、杏仁糖、橘子柠檬糖和干果，再把最美味的蜜饯撒在上面……每个人都不说话，拿走他的篮子，然后去招待他的家人和朋友。[2]

有一些引人注目的模塑糖，尤其是为墨西哥亡灵节（11月2日）制作的“亡灵”。苍白、像骨头一样，用荧光糖霜装饰（有时写着收件人的名字），它们的空心眼窝因金属彩纸而发光。这种糖充满活力和想象力，它们是一个越来越回避“死亡”话题的世界对死亡的惊人庆祝。它们还延续了中世纪模塑糖饰品的传统，在糖像市集（*la feria del alfeñique*）出售，这个名字反映了制糖的悠久历史（糖曾被称作 *fanid* 或 *phanita*）。其他形状的糖一般使用糖膏来制作：天使、棺材里的婴儿、心脏、动物、帽子、吉他——就像 17 世纪制糖书籍中糖像的随机清单。亡灵节是西班牙制糖技术、基督教万圣节和万灵节以及先前存在的美洲土著的祖先崇拜的融合。

欧洲人也在此时缅怀死者，尤其是在意大利。用类似的技术制作的模塑糖人像与墨西哥的那些很像，会出现在西西里的亡灵节中，如马背上的骑士、舞者或其他形象。杏仁蛋白软糖马托拉尼亚果实也是这一天的特色，是来自死者的礼物。模塑糖会以更多季节性的形象，如小羊，再次出现在西西里岛东部。

北美的万圣节前夜不能确定是否是继承了亡灵节

硬糖模塑的头骨，用彩色糖霜和铝箔装饰，为墨西哥亡灵节制作。

为西西里岛万圣节制作的糖像。

的盛宴习俗，但如今的“不给糖就捣蛋”的习惯仅从20世纪中叶开始成形。这种习俗的一种形式出现于第二次世界大战之前，但是“到20世纪50年代，食品制造商和零售商想方设法地用商业食品来赚钱”。[3]这些利益的结合，加上希望减少几十年前成为万圣节前夜活动一部分的流氓行为，这个机会被糖果商利用，开始制造专门用于万圣节前夜的糖果。

蜜饯和糖衣果仁与生日、结婚典礼和狂欢节有着悠久的联系。坚果和瓜子被当作夹心，代表着多子。另外，它们的制作过程——每层糖衣都使糖果体积变大——生动、形象地展示了积累、增长的过程。它们象征着财富和生育能力，在许多其他地方仍被作为心意送给客人，就像杏仁糖一直是文艺复兴时期宴会的一部分，被客人装在口袋和手帕里带走。

在法国，蜜饯和糖衣果仁与重要的人生事件及庆典息息相关。在受洗仪式上，它们通常由教父购买，然后由父母按照长幼尊卑顺序分发给客人。还有一项

格奥尔格·弗莱格尔，《鹦鹉静物画》，约1630年，铜版画。鹦鹉俯视着丰盛的甜点，包括新鲜水果、饼干和浅杯中装着的几种蜜饯。

传统：在《单身派对》(*The Batchelar's Banquet*，翻译自《婚姻的五重奏》）中，讲述者感叹“糖、小甜饼、甜品、香料、果酱、杏仁糖……各种甜食和奢侈的宴会食物”的价格足够令准妈妈的女性朋友八卦一番。[4]

在奥斯曼土耳其帝国的社交场合，蜜饯很受欢迎，一般与果子露或葡萄酒一起食用，这一习俗在伊斯兰世界和欧洲流传甚广。它们在孩子出生和割礼时被奉上，在婚礼上被抛向新娘；其他地方也有类似的习俗，例如，阿富汗杏仁糖会出现在婚礼和订婚仪式上。

意大利的狂欢节上也会扔蜜饯，这一点歌德在18世纪（他观察到的“糖果”实际上有时是石膏仿制品），威廉·冈特在19世纪都有过记载。冈特说，在法国和意大利的新年聚会上，人们会将蔗糖小丸和其他小糖果混在一起，在那里，“每位花花公子都应该向他所有的女性朋友献上一包糖衣果仁以示殷勤，同时向她致敬，作为他的奖赏”。[5]一个更大的中空糖果中间可以放一个小礼物，也许这是带包装的巧克力复活节彩蛋的前身。糖果转变为带包装版本发生在 19 世纪后期的法国，但是人们在复活节仍然会食用裹上糖衣的更小的蛋形糖或巧克力块。

在英国的习俗中，水果蛋糕象征着节日，尤其是婚礼，但最早的标志物是糖霜和杏仁蛋白软糖，它们源自 17 世纪的糖霜杏仁糖。节日的“幻想”有不同的形状：“字母、结、纹章、盾牌、野兽、鸟类和其他奇思妙想”。[6] 一枝迷迭香树枝，挂着金色的小饰品，是早期现代北欧著名的婚礼标志。[7] 在戏剧《女人要当心女人》（*Women Beware Women*，1657）中，象征着欲望的公羊和公牛，出现在一个用黄道十二宫图案装饰的杏仁糖上。

现代德国仍为特殊场合制造带有装饰图案的杏仁蛋白软糖饼，绘有彩色图案和祝福语，底部包裹着巧克力。糖膏还被做成各种形状：水果、蔬菜、心形、天使和圣诞老人。在北欧，杏仁蛋白软糖猪是好运和富足的象征。“在 12 月的荷兰，几乎每个柜台都有几公斤模制的粉红猪糖或小乳猪糖。”[8]

在英国，糖霜发展成一种艺术形式。所用材料随时尚潮流而变化：糖膏、皇家糖衣、非食用石膏、金属、塑料、丝带、富有想象力的糖管，一般镀银或镀金。在欧洲，白色一直是纯洁的象征，也是糖吸引力的主要来源之一，直到几十年前多种颜色被接受。结婚蛋糕是用来分享的，客人会将一块块蛋糕带走。在20世纪中叶的英国，用特殊的盒子将蛋糕邮寄给缺席的朋友非常常见。

在圣诞节，人们现在是在12月25日食用装饰后的蛋糕，但最初是在第十二夜（1月6日）时食用。这种蛋糕总是有很多装饰，一般都有用模制糖膏制作的糖像，是许多仪式的焦点。

从文艺复兴时代起，糖膏就被用于宫廷制糖，并被用来装饰餐桌、杏仁糖和其他甜品。糖膏具有优秀的可塑性，可徒手塑形，想象力、工艺和成本是仅有的限制。有时还会使用模具。制作糖膏床模型来装饰

上图：克拉拉·皮特斯，《馅饼、瓷器、银杯糖果和牡蛎静物画》，约1612—1613年。这幅画中间的食物可能是馅饼，也可能是一个圆形的杏仁糖饼。糖饼布满了小小的彩色糖果，并用迷迭香枝装饰，其中一枝挂着小小的金色饰品；这种装饰风格暗示糖饼是婚礼用品。

左图：2002年，一个德国生日“蛋糕”。这其实是一个杏仁糖饼，用可食用颜色手绘图案，底部包裹着巧克力。

婚礼蛋糕是从 18 世纪流传下来的传统，但到了 19 世纪，就被更高调的婚姻象征物——鸟、花环、成捆的小麦和朴素的花朵所取代。蛋糕上代表新娘和新郎的糖像成了 20 世纪的传统。模具也被用于其他场合。约从 18 世纪后期至 19 世纪 30 年代保留下来的一套法国模具，可以用来制作小糖篮、装在篮子里的水果，还有靠垫上的小狗、皇冠或帽子（也是用糖膏模制的）。这些糖像可能用作礼品。更大的模具包括皇家密码、海豚，以及用于方尖碑和军事奖杯等的模具。[9]

模塑糖对孩子们具有无限的吸引力。19 世纪末和 20 世纪初，透明糖玩具是宾夕法尼亚州德裔儿童们会在圣诞节时收到的特色礼物。在平安夜，他们“摆好盘子”……在当晚，基督圣子会给乖孩子带来礼物……坚果，一个苹果或者一个橘子，还有透明的玩具糖。[10] 这是英国和德国定居者将各自的传统融合后的结果。透明的玩具糖果，比如用红糖模塑的红兔子，也是德国南部的复活节传统礼物。

北美圣诞节的特色甜食是糖手杖，尚不清楚它们是在何时成为圣诞节特色的。英国的拉制糖在它所有的辉煌过往中，代表着节日和海边度假的纪念品，让19世纪后期的产业工人得到片刻休息。

南欧的圣诞节和复活节以牛轧糖为特色。在西班牙圣诞节前后，人们会吃很多牛轧糖，糖果店大大的柜台里也摆满了牛轧糖。[11] 在塞维利亚复活节博览会上，牛轧糖吸引了20世纪早期一位英国美食作家的目光："有一排排卖牛轧糖的摊位……有棕色、白色、粉色或彩虹的任何颜色。"[12] 西班牙人将这种习俗和甜食带去了其他地方，因此尽管远在菲律宾，人们也会在圣诞节食用放在扁平的铁罐、铁盒里的牛轧糖。意大利牛轧糖也出现在这些节日中，还会出现在每年在纽约小意大利城举行的迎神节中。中东的牛轧糖变种（*gaz*），是波斯和阿富汗一种传统的新年（*Nouw Roz*）庆祝甜食。在阿富汗，牛轧糖和各种甜食一起出现，比如小鹰嘴豆饼干和由杏仁糊制成的嘟嘟糖（*toot*

1919—1920年，华盛顿特区的简斯精品糖果。这个小女孩手里拿着一根条纹糖手杖，表明这张照片拍摄于圣诞节前。

shrini）。另一种新年甜食是大块焦糖杏仁（*Khasta-el-shireen*），“在集市上很常见……尤其对孩子们来说是一种节日期间的特殊款待，比如新年或开斋节”。[13]

蛋黄甜食与婚礼联系十分紧密。19 世纪英国作家乔治·博洛留下了一段对西班牙吉卜赛婚礼上使用蛋黄糖的精彩描述：

> 以惊人的开销准备了近 1 吨重的甜食……各种各样的，但主要是蛋黄糖……散落在地板上高达 3 英寸……绊倒了正在跳舞的新娘和新郎……

他们由追随者陪同，也在跳舞，“几分钟后，甜食就变成了粉末，或者更确切地说，成了糖泥。跳舞的人弄脏了膝盖，沾满了糖、水果和蛋黄”。[14]

4 种蛋黄糖仍然是泰国婚礼的传统。蛋黄糖的金黄色象征着物质财富、婚姻甜蜜、爱情长久、生活幸福和夫妻相互支持。[15]

在印度，赠送甜食是很重要的礼节，承载着多种情感——感激、喜爱、尊重、喜悦、奖励成就。甜食标志着出色的考试成绩、工作晋升、婚礼和生日。印度炸糖球可以用于各种庆典，就像英国的蛋糕一样，出现在各类聚会上。同其他地方一样，人生大事、各类庆典和甜品的各地口味相互交织，对印度特定的甜品进行概括几乎是不可能的。甜品名字和对节日的解释也各不相同，但甜味的重要性显而易见。在西孟加拉邦的仲秋时节，会接连有杜尔迦礼拜、卡利礼拜和排灯节（经常与丰饶女神拉克希米相关）等重要节日，人们都会食用各种甜食。每逢卡利礼拜，孟加拉甜品师用糖和低脂牛奶制作糖饼（*pera*），“不慌不忙地把大量甜酱做成大约一个银圆那么大的圆盘……朝圣者会在最愉悦的状态下，把糖饼买下来，三三两两地献给神”。买来的糖饼会放在卷成锥形的叶子中，并点缀一朵艳红色的芙蓉花。[16]

甜食在10月下旬的排灯节最为重要，人们在这个

胡安·范德尔·哈姆·莱昂，《牛轧糖静物画》，1622年，布面油画。

排灯节是印度仲秋时节重要的节日，人们一般用糖果和灯来庆祝。

节日庆祝战胜邪恶的正义。灯光、甜食和礼物是节日特色，会让西方人联想起圣诞节中类似的传统。这时，糖做的“动物、神和女神”（通常是可食用的白色糖像）在市场上吸引着孩子们。[17] 这个时节的其他特殊日子包括杜尔迦礼拜的最后一天（Bijoya Dashami），与抛弃敌意和拜访亲戚朋友有关。每个人都必须分到甜食且不能拒绝，就连糖尿病患者也会轻轻咬上一口糖碎片。这些节日是展示慷慨的重要时机，一个人声望可能部分来自他在节日期间提供的甜食数量。

印度人在生命之初就开始接触甜味。印度演员玛德赫·杰佛里回忆说，在她出生的时候，祖母用手指蘸着新鲜的蜂蜜在她的舌头上“写下了神圣的音节‘我是’”。[18] 甜食也是婚姻习俗中一种重要的食物，在订婚仪式上，夫妻互喂甜食，在阿拉伯语和英语中，爱和甜蜜的概念合二为一。

在中国，过年时会有一些与甜食相关的传统。比如，让灶神“嘴变甜”的传统，最早记录于 1585 年，

19世纪末或20世纪初维托里奥·科鲁西（Vittorio Colussi）的广告。屋顶上，一个女人向世界抛撒饼干和糖果，这一形象象征着狂欢节、轻浮、慷慨和乐趣——贯穿糖果历史的主题。

现在仍然非常重要。在之前的一整年，灶神的纸像都在看着一家人的活动。[19]“作为天庭的权威代理人，灶神和这个家庭相处了一年，看见、听见所有的事情。”[20]临近新年，一家人喂给灶神甜蛋糕和果脯，或者用甜食涂抹在灶神像嘴上。然后烧掉纸像，送灶神到天庭，希望灶神能对其他神明多说好话。

鉴于糖对牙齿的破坏作用，考虑到它作为饮食中空有热量的食材和对健康的不利影响，营养学家可能希望甜食仅用于贿赂神，或者至少只在特殊的日子和季节食用。然而，21世纪的制造商为使产品更健康所做的努力却没有抓住要点，利润丰厚的大型甜品业对此心知肚明。甜食和糖果并不意图成为健康饮食常规的一部分。它们的发展旺盛而混乱，介于食物和时尚之间，是可食用的玩具，是美好事物的象征。尽管它们有黑暗的一面，对个人健康有不利影响，但几个世纪以来，糖果却一直将色彩、乐趣和调皮带给这个严肃的世界。

Sweets and Candy

A GLOBAL HISTORY

食 谱

做一个核桃，当你敲碎它的时候，会在里面找到有胡萝卜花的小甜饼，或是一束花

佚名，《贵妇人的壁橱》（伦敦，1608 年）

拿一块老皇家白［糖膏］，加入黄蓍胶后敲打，混合一点干煸后的肉桂，这会把你的老糖膏变成核桃壳的颜色。擀薄后切成两块，将一块放入模具的一边，另一块放在另一边。然后可以随意放入什么后将模具合起来，这样做三四个核桃。

制作麦芽糖

约翰·诺特，《1726年厨师和甜品师词典》（伦敦，1980年）

将大麦在水中煮沸，用毛筛子过滤，将大麦汁放入锅中与澄清的糖一起，用熬焦糖的温度，或沸腾温度熬制。从火上取下令其沉淀；然后把它倒在涂过橄榄油的大理石上：当混合物冷却并开始变硬时，将其切成一片一片，卷成你喜欢的长度。

制作糖果

约翰·诺特，《1726年厨师和甜品师词典》（伦敦，1980年）

将一定量的糖煮至棕色；然后放进一个陶锅里，锅里放有摆成十字的小棒；把锅放进烤炉，糖会在小棒上凝结。

一些甜品师把糖倒在这些小棒上，垂直放置，交叉或侧放，在炉子里静置14天或15天，然后倒入几次热水，冷却一天后，隔天早上打破陶锅，取出凝结在小棒上的糖。

一些人会拿走第一层糖皮，把剩下的留在炉子里直到下一层糖皮形成，循环进行，直到整个制糖工作完成。

红色杏仁糖

威廉·贾瑞，《意大利甜品师》（伦敦，1820 年）

· 1 磅杏仁，1 磅糖

取 1 磅杏仁，洗净后浸入溶解了 1 磅糖的少许糖水中熬制。当杏仁裂开时，从火上移开，搅拌至粒状，筛出脱离杏仁的糖。将糖重新加入锅里，开火后加入少许水，煮至焦糖状 [硬片]，加入杏仁和一点液体胭脂红，搅拌直到把所有的糖吸收，放在筛子里，洒一点橙花水，让它们发出香气，闪闪发光。

英国杏仁糖和杏仁硬糖

亨利·韦瑟利，《一部关于熬糖艺术的专著》（宾夕法尼亚州费城，1865 年）

在 7 磅粗糖中加入 3.5 品脱水，熬到脆片状，倒在平板上，然后迅速覆盖 4 磅巴巴利杏仁，混合均匀；当很均匀结实的时候，把它做成一个厚块，放在一个木凳上，用一把又长又细的锋利的刀切片。如果糖太浓的话，更保险的做法是把上述用糖量减少一点，否则糖会在这个过程中变成粒状。

杏仁硬糖

将杏仁粒粒分开放在平板或圆形或其他形状的模具上，重复上述熬制方法，然后将熬好的糖倒入，形成薄薄的一层。

［小量制作建议用量：500 克轻软红糖，250 毫升水，300 克去皮整杏仁。］

优质美国食谱　香草黄油奶糖一号

斯库斯，《斯库斯的甜品师大集》，第 10 版（伦敦，约 1900 年）

· 6 磅糖
· 2 夸脱甜奶油
· 1.5 磅新鲜黄油
· 4 磅葡萄糖
· 香草香精

将糖、葡萄糖和奶油放入锅中，开慢火并不断搅拌，煮沸形成一个硬球，然后加入黄油；不断搅拌，当完全煮沸后，将锅移开火，用香草香精调味。倒在涂油的案板上，用黄油奶糖切割器标记；冷却后，用锋利的刀切开，每块糖用蜡纸包好。

[小量制作建议用量：500 克糖，280 毫升奶油，150 克黄油，280 克葡萄糖浆。]

盐水太妃糖之吻

柜台的白色、粉色和巧克力色太妃糖

查尔斯·阿佩尔，《20世纪糖果师》（美国未知地区，1912年）

· 30磅葡萄糖
· 20磅糖
· 1夸脱水
· 1磅面粉
· 1磅努科亚牌黄油
· 1磅奶油黄油

在搅拌釜中熬成碎片……加入2盎司香草、4盎司盐，倒在涂油的冷案板上，冷却至可操作时，放入拉糖机器拉制。当批量制作时，将软糖团尽可能保持低温拉制，以便之后放在桌面上加工。温度越低，包装时的太妃糖形状会更好。

[小量制作建议用量：750 克葡萄糖浆，500 克糖，100 毫升水，25 克面粉，50 克植物油，几滴香草香精，1 茶匙盐。]

订婚礼物

罗伯特·威尔斯，《面包和饼干烘焙师与熬糖工的助手》（伦敦，1896 年）

将 1 磅糖块切成小颗粒，溶解于装有半品脱水和两勺柠檬汁的锅中；撇去浮沫并熬至球状，加入一串绑在一起的柠檬皮，熬至变脆；取出柠檬皮，把糖倒在一个涂油的案板上，小心地捏至形状均匀，可以更好地整体同时冷却。捏制后，以一般方式切割。可以将一小部分糖在切割前单独熬成红色，让成品更多彩。

糖蜜太妃糖

梅·威特,《高级糖果制作》(伯肯黑德，约 1910 年)

· 1 磅糖蜜

· 1 磅黄色湿糖

· 一半大茶杯冷水

· 四分之一茶匙奶油酒石

将黄油、糖蜜、糖和水放入平底锅，溶解后不断搅拌；煮沸时加入奶油酒石，继续煮沸并不断小心搅拌至 126℃。然后倒在涂了黄油的案板上，放在黄油糖条之间，或者倒进涂了黄油的罐子里，当半冷的时候切成方块。冷却后用蜡纸包好。

蒙特利马特牛轧糖

路易莎·索普，《糖果和简易甜食》(伦敦，1922 年)

· 8 个蛋清

· 2.5 及耳水

· 0.5 磅去皮干燥的杏仁

· 0.25 磅蜜饯樱桃

· 2 磅糖块

· 0.25 磅白蜂蜜

· 0.25 磅去皮开心果

· 少许橙花水

· 少许奶油酒石

将糖块和水放入炖锅中，开小火。当糖块在溶解时，将杏仁、开心果和樱桃切小块。将一些金属条放在衬有威化纸的案板上。溶解蜂蜜后放入罐中，将罐放在沸水中半小时。当糖快煮沸时加入奶油酒石，将糖浆煮沸至129℃。在达到这个温度之前，开始将蛋清放入铜碗中搅拌至上劲。然后将煮好的糖浆小心地加入蛋清中，持续搅拌。把铜碗放在沸水中，继续小心搅拌。5分钟后加入溶解的蜂蜜、切碎的杏仁、开心果和樱桃，最后加几滴橙花水。继续搅拌牛轧糖几分钟，然后把搅拌好的混合物放入冷水中。如果熬好了就很容易成形，可以用手指捏成一个很实在的糖球。当完全熬好后，将混合物倒在备好的案板上，用威化纸包起来。当它充分凝固后，切成小块。

土耳其快乐糖

埃芬迪·图拉比，《土耳其烹饪手册》（伦敦，1862 年）

将 2.75 磅糖块和 4 夸脱水放入一个非常干净的炖锅中，用木勺搅拌直到糖溶解。然后放在适中的炭火上，并逐渐地加入 8.5 盎司的精制小麦淀粉，搅拌的同时防止结块，继续在锅底搅拌，直到形成一种光滑而均匀的物质。然后取出一点，滴在糖粉上少许。如果太湿润或吸收了糖，表示尚未完成；如果不是，表示已完成。然后混合小豌豆大小的麝香和略不到四分之一品脱的玫瑰香精，加入糖团中再搅拌半分钟，随后把它取出来，放在一个顺手的盘子里，或是涂了杏仁油的半英寸深的平锅里约半小时。冷却后切成 1 英寸宽、2 英寸长的小块，然后蘸着筛过的细糖和精制小麦淀粉食用。

注　释

1　甜食、糖果还是甜品

1 Tim Richardson, *Sweets: A History of Temptation* (London, 2002), pp. 53–4.

2 Henry Weatherley, *A Treatise on the Art of Boiling Sugar* (Philadelphia, PA, 1865), pp. 7–8.

3 Richardson, *Sweets*, p. 162.

4 Tsugita Sato, *Sugar in the Social Life of Medieval Islam* (Leiden, 2015), p. 164.

5 Michael Krondl, *Sweet Invention: A History of Dessert* (Chicago, IL, 2011), pp. 255–6.

6 Gaitri Pagrach-Chandra, *Sugar and Spice: Sweets and Treats from Around the World* (London, 2012), p. 77.

7 Priscilla Mary Işın, ed., *A King's Confectioner in the Orient: Friedrich Unger, Court Confectioner to King Otto I of Greece* (London, 2003), pp. 27–35.

8 Anil Kishore Sinha, *Anthropology of Sweetmeats* (New

Delhi, 2000), pp. 75–6.

9 Richard Hosking, *A Dictionary of Japanese Food* (Rutland, VT, 1997), p. 168.

10 Christian Daniels, 'Biology and Biological Technology: Agro-industries: Sugar Technology', in Joseph Needham, Christian Daniels and Nicholas K. Menzies, *Science and Civilisation in China vi, Part iii* (Cambridge, 1996), pp. 69–77.

11 Krondl, *Sweet Invention*, p. 6.

2 糖的魔力

1 E. Skuse, *Skuse's Complete Confectioner,* 10th edn (London, *c.* 1900), p. 1.

2 See Harold McGee, *McGee on Food and Cooking* (London, 2004), p. 682 for fuller details.

3 Tsugita Sato, *Sugar in the Social Life of Medieval Islam* (Leiden, 2015), p. 47.

4 Simon I. Leon, *An Encyclopedia of Candy and Ice-cream Making* (New York, 1959), p. 368.

5 Tim Richardson, *Sweets: A History of Temptation* (London, 2002), pp. 106–7.

6 E. Skuse, *Confectioner's Handbook and Practical Guide*, 2nd edn (London, *c.* 1890), p. 50.

7 Andrew Dalby, *Dangerous Tastes: The Story of Spices* (London, 2000), p. 27.

8 Christian Daniels, 'Biology and Biological Technology: Agro-industries: Sugar Technology', in Joseph Needham, Christian Daniels and Nicholas K. Menzies, *Science and Civilisation in China vi, Part iii* (Cambridge, 1996), p. 74.

9 Sir Hugh Plat, *Delightes for Ladies*, with an introduction by G. E. Fussell and Kathleen Rosemary Fussell (London, 1948), p. 38.

10 Skuse, *Confectioner's Handbook and Practical Guide*, 2nd edn, p. 50.

11 Henry Weatherley, *A Treatise on the Art of Boiling Sugar* (Philadelphia, PA, 1865), p. 42.

12 Keith Stavely and Kathleen Fitzgerald, 'Fudge', in *The Oxford Companion to Sugar and Sweets*, ed. Darra Goldstein (Oxford, 2015), p. 287.

13 Leon, *An Encyclopedia of Candy and Ice-cream Making*, p. 214.

14 Gaitri Pagrach-Chandra, *Sugar and Spice: Sweets and Treats from Around the World* (London, 2012), p. 107.
15 From the entry for 'praline', n., at www.oed.com.
16 Helen Nearing and Scott Nearing, *The Maple Sugar Book* (New York, 1970), pp. 22–7.
17 Weatherley, *A Treatise on the Art of Boiling Sugar*, p. 7.
18 Ibid., p. 6.
19 Skuse, *Skuse's Complete Confectioner*, p. 1.
20 Wendy A. Woloson, *Refined Tastes: Sugar, Confectionery and Consumers in Nineteenth-century America* (Baltimore, MD, 2002), p. 34.
21 McGee, *McGee on Food and Cooking*, p. 690.
22 Laura Mason, *Sugar Plums and Sherbet* (Totnes, 1998), p. 83.
23 Sato, *Sugar in the Social Life of Medieval Islam*, p. 164.
24 Knut Boeser, ed., *The Elixirs of Nostradamus* (London, 1995), pp. 150–53.
25 'How is Rock Candy Made?', www.attractionsblackpool.co.uk/Blackpool_Rock.htm, accessed 17 November 2016.
26 Henry Mayhew, *London Labour and the London Poor*

(London, 1864), p. 216; Weatherley, *A Treatise on the Art of Boiling Sugar*, p. 32.

27 Priscilla Mary Işın, ed., *A King's Confectioner in the Orient: Friedrich Unger, Court Confectioner to King Otto I of Greece* (London, 2003), p. 99.

28 Mary Işın, *Sherbet and Spice* (London, 2013), pp. 137–8.

29 Christian Daniels, 'Biology and Biological Technology', p. 78.

30 Beth Kracklauer, 'Toffee', in *The Oxford Companion to Sugar and Sweets*, ed. Darra Goldstein (Oxford, 2015), pp. 727–8.

31 Weatherley, *A Treatise on the Art of Boiling Sugar*, pp. 7–8.

32 Skuse, *Confectioner's Handbook and Practical Guide*, p. 37.

33 Quoted by Richardson in *Sweets*, p. 35.

34 Skuse, *Skuse's Complete Confectioner*, p. 67.

35 Wikipedia hosts a worldwide 'list of chocolate bar brands', including details of fillings.

36 Pagrach-Chandra, *Sugar and Spice*, p. 43.

3 糖与美好的一切

1 Simon I. Leon, *An Encyclopedia of Candy and Ice-cream Making* (New York, 1959), p. 47.

2 Sally Butcher, *Persia in Peckham: Recipes from Persepolis* (Totnes, 2012), p. 304.

3 Christian Daniels, 'Biology and Biological Technology: Agro-industries: Sugar Technology', in Joseph Needham, Christian Daniels and Nicholas K. Menzies, *Science and Civilisation in China vi, Part iii* (Cambridge, 1996), p. 78.

4 E. Skuse, *Skuse's Complete Confectioner,* 10th edn (London, *c.* 1900), p. 62.

5 Jane Levi, 'Nougat', in *The Oxford Companion to Sugar and Sweets*, ed. Darra Goldstein (Oxford, 2015), p. 486.

6 Mary Işın, *Sherbet and Spice* (London, 2013), pp. 127–8.

7 Ibid., p. 127.

8 Knut Boeser, ed., *The Elixirs of Nostradamus* (London, 1995), p. 149 .

9 Tim Richardson, *Sweets: A History of Temptation* (London, 2002), p. 133 .

10 Daniels, 'Biology and Biological Technology', p. 69.

11 E. Skuse, *Confectioner's Handbook and Practical Guide*, 2nd edn (London, *c.* 1890), p. 64.

12 Richard Hosking, *A Dictionary of Japanese Food* (Rutland, VT, 1997), p. 84.

13 Henry Weatherley, *A Treatise on the Art of Boiling Sugar* (Philadelphia, PA, 1865), p. 110.

14 Skuse, *Confectioner's Handbook and Practical Guide*, p. 64.

15 See www.tictacuk.com, accessed 13 November 2016.

16 Joël Glen Brenner, 'm&m's', in *The Oxford Companion to Sugar and Sweets*, p. 415.

17 Priscilla Mary Işın, ed., *A King's Confectioner in the Orient: Friedrich Unger, Court Confectioner to King Otto I of Greece* (London, 2003), p. 22.

18 Elizabeth David, *Italian Food* (London, 1987), p. 198.

19 J. Haldar, *Bengal Sweets* (Calcutta, 1948), pp. 162–3; Boeser, *The Elixirs of Nostradamus*, p. 91.

20 Daniels, 'Biology and Biological Technology', pp. 80–81.

21 Rachel Laudan, 'Dulche de Leche', in *The Oxford Companion to Sugar and Sweets*, p. 230.

22 Doreen Fernandez, *Tikim: Essays on Philippine Food and Culture* (Manila, 1994), p. 97.

23 Colleen Taylor-Sen, 'India', in *The Oxford Companion to Sugar and Sweets*, p. 357.

24 Yamuna Devi, *Lord Krishna's Cuisine: The Art of Indian Vegetarian Cooking* (London, 1990), p. 628.

25 Ibid., p. 592.

26 Haldar, *Bengal Sweets*, p. 73.

27 Colleen Taylor-Sen, 'The Portuguese Influence on Bengali Cuisine', in *Food on the Move: Proceedings of the Oxford Symposium on Food and Cookery*, ed. Harlan Walker (Totnes, 1996), p. 292.

28 Haldar, *Bengal Sweets*, p. 131.

29 Chitrita Banerji, *Life and Food in Bengal* (London, 1991), p. 132.

30 Su-Mei Yu, 'Thai Egg-based Sweets: The Legend of Thao Thong Keap-Ma', in *Gastronomica: The Journal of Food and Culture*, iii/3 (2003), pp. 54–9.

31 Gaitri Pagrach-Chandra, *Sugar and Spice: Sweets and Treats from Around the World* (London, 2012), p. 67.

4 糖的奇思妙想

1 Michael Krondl, *Sweet Invention: A History of Dessert* (Chicago, IL, 2011), p. 139 .

2 Ivan Day, *Royal Sugar Sculpture: 600 Years of Splendour* (Bowes, 2002), p. 23.

3 Richard Hosking, *A Dictionary of Japanese Food* (Rutland, VT, 1997), pp. 234–5.

4 Mary Işın, *Sherbet and Spice* (London, 2013), p. 81.

5 Gaitri Pagrach-Chandra, *Sugar and Spice: Sweets and Treats from Around the World* (London, 2012), p. 8.

6 E. Skuse, *Skuse's Complete Confectioner,* 10th edn (London, *c.* 1900), p. 67.

7 Compton MacKenzie, *Echoes* (London, 1954), p. 60.

8 E. Skuse, *Confectioner's Handbook and Practical Guide*, 3rd edn (London, *c.* 1892), pp. 53–4.

9 Simon I. Leon, *An Encyclopedia of Candy and Ice-cream Making* (New York, 1959), p. 409.

10 See www.magiccandyfactory.com, accessed 9 May 2016.

11 Işin, *Sherbet and Spice*, p. 161.

12 Harley Spiller, 'Chewing Gum', in *The Oxford Companion to Sugar and Sweets*, ed. Darra Goldstein

(Oxford, 2015), p. 128.

13 Ibid., p. 130.

14 Robert Hendrickson, *The Great American Chewing Gum Book* (Radnor, PA, 1976), pp. 83–4.

5 生产者与消费者

1 John Gerarde, *The Herball or Generall Historie of Plants* (London, 1597), p. 34.

2 May Whyte, *High-class Sweetmaking* (Birkenhead, *c.* 1910), p. vii.

3 Samira Kawash, *Candy: A Century of Panic and Pleasure* (New York, 2013), p. 135.

4 Robert Campbell, *The London Tradesman* (London, 1747), p. 278.

5 Leatherhead Food Research Association, *The Confectionery Market: A Global Analysis* (London, 2002), p. 8.

6 Carla Zanetos Scully, 'The 2013 Top 100 Candy Companies in the World', www.candyindustry.com, 11 February 2013.

7 Ralph Rylance, *The Epicure's Almanack; or, Guide to Good*

Living (London, 1815), p. 103.

8 Anon., *A Closet for Ladies and Gentlewomen* (London, 1608), p. 39.

9 Wendy A. Woloson, *Refined Tastes: Sugar, Confectionery and Consumers in Nineteenth-century America* (Baltimore, MD, 2002), p. 44.

10 Kawash, *Candy*, p. 38.

11 Nicholas Whittaker, *Sweet Talk: The Secret History of Confectionery* (London, 1998), pp. 10–11.

12 Toni Risson, 'A Pocket of Change in Post-war Australia: Confectionery and the End of Childhood', in *Pockets of Change: Adaption and Cultural Transition*, ed. Tricia Hopton, Adam Atkinson, Jane Stadler and Peta Mitchell (Lanham, MD, 2011), p. 114.

13 Anil Kishore Sinha, *Anthropology of Sweetmeats* (New Delhi, 2000), p. 193 .

14 Leatherhead Food Research Association, *The Confectionery Market*, p. 10.

15 Ibid., p. 15.

16 Quoted in C. Anne Wilson, *Food and Drink in Britain* (London, 1991), p. 300.

17 Robert Lustig, *Fat Chance: The Hidden Truth About Sugar, Obesity and Disease* (London, 2013), p. 118.

18 WHO Guideline, *Sugars Intake for Adults and Children* (Geneva, 2015), p. 4.

6 糖果与庆典

1 Jennifer Stead, 'Bowers of Bliss', in *Banquetting Stuffe: The Fare and Social Background of the Tudor and Stuart Banquet*, ed. C. Anne Wilson (Edinburgh, 1991), pp. 146–7.

2 François Massialot, *The Court and Country Cook* (London, 1702), p. 125.

3 Samira Kawash, *Candy: A Century of Panic and Pleasure* (New York, 2013), p. 269.

4 F. P. Wilson, ed., *The Batchelars Banquet* (Oxford, 1929), p. 21.

5 William Gunter, *Gunter's Confectioner's Oracle* (London, 1830), pp. 60–61.

6 Sir Hugh Plat, *Delightes for Ladies*, with an introduction by G. E. Fussell and Kathleen Rosemary Fussell (London, 1948), p. 28.

7 Ivan Day, 'Bridecup and Cake: The Ceremonial Food and Drink of the Wedding Procession', in *Food and the Rites of Passage*, ed. Laura Mason (Totnes, 2002).
8 Gaitri Pagrach-Chandra, *Sugar and Spice: Sweets and Treats from Around the World* (London, 2012), p. 113.
9 Ivan Day, *Royal Sugar Sculpture: 600 Years of Splendour* (Bowes, 2002).
10 Nancy Fasholt, *Clear Toy Candy* (Mechanicsburg, PA, 2010), p. 13.
11 Pagrach-Chandra, *Sugar and Spice*, p. 60.
12 C. F. Leyel and Olga Hartley, *The Gentle Art of Cookery* (London, 1929), p. 331.
13 Helen Saberi, *Noshe Djan: Afghan Food and Cookery* (London, 2000), p. 243.
14 George Borrow, *The Zincali, or An Account of the Gypsies of Spain* (London, 1893) pp. 190–91.
15 Su-Mei Yu, 'Thai Egg-based Sweets: The Legend of Thao Thong Keap-Ma', in *Gastronomica: The Journal of Food and Culture*, iii/3 (2003), pp. 54–9.
16 Michael Krondl, *Sweet Invention: A History of Dessert* (Chicago, IL, 2011), p. 16.

17 Anil Kishore Sinha, *Anthropology of Sweetmeats* (New Delhi, 2000), p. 100.

18 Madhur Jaffrey, *Madhur Jaffrey's Indian Cookery* (London, 1982), p. 7.

19 Christian Daniels, 'Biology and Biological Technology: Agro-industries: Sugar Technology', in Joseph Needham, Christian Daniels and Nicholas K. Menzies, *Science and Civilisation in China vi, Part iii* (Cambridge, 1996), p. 72.

20 Carol Stepanchuk and Charles Wong, *Mooncakes and Hungry Ghosts* (San Francisco, CA, 1991), p. 7.

参考文献

Anon., *A Closet for Ladies and Gentlewomen* (London, 1608)

Apell, Charles, *Twentieth Century Candy Teacher* (USA: place not given, 1912)

Banerji, Chitrita, *Life and Food in Bengal* (London, 1991)

Boeser, Knut, ed., *The Elixirs of Nostradamus* (London, 1995)

Burnett, John, *Plenty and Want* (London, 1983)

Butcher, Sally, *Persia in Peckham: Recipes from Persepolis* (Totnes, 2012)

Carmichael, Elizabeth, and Chloe Sayer, *The Skeleton at the Feast: The Day of the Dead in Mexico* (London, 1991)

Dalby, Andrew, *Dangerous Tastes: The Story of Spices* (London, 2000)

Daniels, Christian, 'Biology and Biological Technology: Agro-industries: Sugar Technology', in Joseph Needham, Christian Daniels and Nicholas K. Menzies, *Science and Civilisation in China vi, Part iii* (Cambridge, 1996)

Day, Ivan, *Royal Sugar Sculpture: 600 Years of Splendour* (Bowes, 2002)

Deerr, Noël, *The History of Sugar* (London, 1949)

Devi, Yamuna, *Lord Krishna's Cuisine: The Art of Indian Vegetarian Cooking* (London, 1990)

Eales, Mary, *Mrs Mary Eale's Receipts [1718] reproduced from the edition of 1733* (London, 1985)

Fasholt, Nancy, *Clear Toy Candy* (Mechanicsburg, PA, 2010)

Fernandez, Doreen G., and Edilberto N. Alegre, *Sarap: Essays on Philippine Food* (Manila, 1988)

Fernandez, Doreen, *Tikim: Essays on Philippine Food and Culture* (Manila, 1994)

Gilliers, Joseph, *Le Cannameliste français* (Nancy, 1751)

Goldstein, Darra, ed., *The Oxford Companion to Sugar and Sweets* (Oxford, 2015)

Gunter, William, *Gunter's Confectioner's Oracle* (London, 1830)

Haldar, J., *Bengal Sweets* (Calcutta, 1948)

Hendrickson, Robert, *The Great American Chewing Gum Book* (Radnor, PA, 1976)

Henisch, Bridget Ann, *Cakes and Characters* (London, 1984)

Hess, Karen, *Martha Washington's Booke of Cookery* (New

York, 1981)
Hosking, Richard, *A Dictionary of Japanese Food* (Rutland, VT, 1997)
Işın, Mary, *Sherbet and Spice* (London, 2013)
Işın, Priscilla Mary, ed., *A King's Confectioner in the Orient: Friedrich Unger, Court Confectioner to King Otto I of Greece* (London, 2003)
Jarrin, William Alexis, *The Italian Confectioner* (London, 1820)
Kawash, Samira, *Candy: A Century of Panic and Pleasure* (New York, 2013)
Krondl, Michael, *Sweet Invention: A History of Dessert* (Chicago, IL, 2011)
Lees, R., and E. B. Jackson, *Sugar and Chocolate Confectionery Manufacture* (Aylesbury, 1973)
Leon, Simon I., *An Encyclopedia of Candy and Ice-cream Making* (New York, 1959)
Lustig, Robert, *Fat Chance: The Hidden Truth About Sugar, Obesity and Disease* (London, 2013)
McGee, Harold, *McGee on Food and Cooking* (London, 2004)
Mrs McLintock, *Mrs McLintock's Receipts for Cookery and*

Pastrywork 1736, reproduced from the original with an introduction and glossary by Iseabail Macleod (Aberdeen, 1986)

McNiell, F. Marian, *The Scots Kitchen: Its Lore and Recipes* (London, 1963)

Mason, Laura, *Sugar Plums and Sherbet* (Totnes, 1998)

Mintz, Sidney W., *Sweetness and Power: The Place of Sugar in Modern History* (New York, 1985)

Nearing, Helen, and Scott Nearing, *The Maple Sugar Book* (New York, 1970)

Oddy, Derek J., *From Plain Fare to Fusion Food: British Diet from the 1890s to the 1990s* (London, 2003)

Opie, Robert, *Sweet Memories* (London, 1988)

Pagrach-Chandra, Gaitri, *Sugar and Spice: Sweets and Treats from Around the World* (London, 2012)

Perrier-Robert, Annie, *Les Friandises et leurs secrets* (Paris, 1986)

The Picayune, *The Picayune's Creole Cookbook*, 2nd edn (New York, 1971)

Piemontese, Alessio, *The Secretes of the Reverend Maister Alexis of Piemont*, trans. William Warde (London, 1562)

Plat, Sir Hugh, *Delightes for Ladies,* with an introduction by G. E. Fussell and Kathleen Rosemary Fussell (London, 1948)

Raffald, Elizabeth, *The Experienced English Housekeeper [1769], with an introduction by Roy Shipperbottom* (London, 1996)

Richardson, Tim, *Sweets: A History of Temptation* (London, 2002)

Rigg, Annie, *Sweet Things: Chocolates, Candies, Caramels and Marshmallows – To Make and Give* (London, 2013)

Risson, Toni, 'A Pocket of Change in Post-war Australia: Confectionery and the End of Childhood', in *Pockets of Change: Adaption and Cultural Transition*, ed. Tricia Hopton, Adam Atkinson, Jane Stadler and Peta Mitchell (Lanham, MD, 2011)

Saberi, Helen, *Noshe Djan: Afghan Food and Cookery* (London, 2000)

Sato, Tsugita, *Sugar in the Social Life of Medieval Islam* (Leiden, 2015)

Sinha, Anil Kishore, *Anthropology of Sweetmeats* (New Delhi, 2000)

Skuse, E., *Confectioner's Handbook and Practical Guide*, 2nd edn (London, *c.* 1890)
—, *Confectioner's Handbook and Practical Guide*, 3rd edn (London, *c.* 1892)
—, *Skuse's Complete Confectioner*, 10th edn (London, *c.* 1900)
Smith, Andrew F., *Sugar: A Global History* (London, 2015)
Weatherley, Henry, *A Treatise on the Art of Boiling Sugar* (Philadelphia, PA, 1865)
Whittaker, Nicholas, *Sweet Talk: The Secret History of Confectionery* (London, 1998)
Whyte, May, *High-class Sweetmaking* (Birkenhead, *c.* 1910)
Wilson, C. Anne, *The Book of Marmalade* (London, 1985)
—, ed., *Banquetting Stuffe: The Fare and Social Background of the Tudor and Stuart Banquet* (Edinburgh, 1991)
Woloson, Wendy A., *Refined Tastes: Sugar, Confectionery and Consumers in Nineteenth-century America* (Baltimore, MD, 2002)
Yudkin, John, *Pure, White and Deadly* (London, 1986)

致　谢

这本书是多年研究、观察和讨论的结果。在那段时间里，许多个人和组织都向我提供了专业知识和实用帮助，非常感谢：

Jane Baker、Sultan Barakat、Jeremy Cherfas、Ivan Day、Ruth Grant、Sasha Grigorieva、Vicky Hayward、Mehdi Hojat、Richard Hosking、雀巢公司档案部门的 Alex Hutchinson、Mary Işın、Charlotte Knox、Fabrizia Lanza、Janalice Merry、Nuray Ösaslan、Gaitri Pagrach-Chandra、Professor Ugo Palma、Glynna Prentice、Gillian Riley、Joe and Emma Roberts、Helen Saberi、Mary Taylor Simeti、Agnes Winter、约克大学博思维克研究所的员工、Dobsons of Elland 的员工、皇家霍洛威学院的 G. K. Noon 先生，以及 Alan Davidson 和 Doreen Fernandez，两位均已作古，多年前当我第一次开始收集有关这个主题的资料